别在最好的时光里满腹委屈

子暮 著

民主与建设出版社

· 北京 ·

© 民主与建设出版社，2024

图书在版编目(CIP) 数据

别在最好的时光里满腹委屈 / 子暮著. —— 北京：
民主与建设出版社，2017.6（2024.6重印）

ISBN 978-7-5139-1525-0

Ⅰ.①别…Ⅱ.①子…Ⅲ.①散文集–中国–当代
Ⅳ.①I267

中国版本图书馆CIP数据核字（2017）第100360号

别在最好的时光里满腹委屈

BIE ZAI ZUI HAO DE SHI GUANG LI MAN FU WEI QU

著　　者	子　暮
责任编辑	刘树民
出版发行	民主与建设出版社有限责任公司
电　　话	（010）59417747　59419778
社　　址	北京市海淀区西三环中路10号望海楼E座7层
邮　　编	100142
印　　刷	三河市同力彩印有限公司
版　　次	2017年10月第1版
印　　次	2024年6月第2次印刷
开　　本	880mm×1230mm　1/32
印　　张	6
字　　数	170千字
书　　号	ISBN 978-7-5139-1525-0
定　　价	48.00 元

注：如有印、装质量问题，请与出版社联系。

别在最好的时光里满腹委屈

CONTENTS 目录

去做想做的，不要留下遗憾

CHAPTER02
受得了多大的委屈，做得了多大的事

CHAPTER03
当你觉得委屈，你该长大了

CHAPTER04
因为委屈，所以才能坚持

CHAPTER05
你的胸怀是被委屈给撑大的

你觉得委屈

是因为你拥有的太少

女人再美，自己不奋斗，照样是摆设！我很喜欢这段话：人生就要活得漂亮！无论你是谁，宁可做拼搏的失败者，也不要做安于现状的平凡人！造船的目的不是停在港湾，做人的目的不是窝在家里！人生就像舞台，不到谢幕，永远不会知道自己有多精彩。

别让你的人生在25岁就止步不前

1

看到这么一句话，深以为然，"一个雄心勃勃的年轻人并不稀罕，稀罕的是终身战士。很多人的血从未热过，而他们的血从未冷却。"

你是哪一种？

你从来都没有感受过热血？还是在岁岁年年里，逐渐消磨了意志，懈怠了，暂停了，然后，就再也没有往前走了？

还是，你永远都带着20岁时候的热血，在这个大世界里横冲直撞，你看着那些热血冷却的姑娘，好想告诉她们，做鸡血本人，那种爽感，不是嫁富二代能体会到的。

我之前很想去读一个MBA，问了很多身边的人。

有同龄的小姐妹告诉我，读吧，大家都在读，也算是一个文凭。

有大叔告诉我，你要是没结婚，可以考虑，还是有可能在MBA班级里觅得如意高富帅郎君的。

有高管告诉我，你如果读个MBA想要找个更好的工作，那么就算了吧，MBA更多的是高管们要这么个经历，前提是你已经是高管了。

最终的结论是，大部分人说，

"终究功利来看，对你，没什么用。"

于是，我就心安理得地认为，MBA没啥用，不过就是一个文凭，一个找老公的平台，或者高管想要一些经历和谈资。

于是，我就心安理得地忘记了这件事。没考托福，没考GMAT。

终究还是懒惰了。

2

后来认识了一个斯坦福MBA在读的男生。

他和我描述在斯坦福读MBA的生活。那是一个民族大熔炉，各个国家，各个种族的人都在一个班级里，并且background各不相同。有传统的金融，咨询行业的，有企业高管，有创业者，也有部队退伍的空军，还有编剧，导演传媒行业的同学。

"嘿，你是驻外记者，你应该要来。"

"第一年特别辛苦，但是我学到特别多的东西，和这些背景各异的同学一起上课，讨论，做小组作业，每天都是思维的碰撞，你会有很多不同的想法，同学们都特别厉害，你会对过去的经历有不一样的看法。"

"总而言之，这一年会让你对人生有新的认识和期待，你可以更开阔的思路去做不一样的事情。你应该要来！"

为什么他和我之前问的人，说法截然相反？

为什么他过着如此热气腾腾的生活，就像永远20岁一样？

后来我才知道，这个男生三十出头，在国内已经做了七八年金融，业余还和朋友一起创业，公司做的产品，融到了C轮，然后他把公司卖了。

然后他来到了斯坦福读MBA。

3

我才恍然大悟。

哪里是MBA没有什么用。

不同的人对于MBA有自己的看法，而这些看法是基于自己的见识和眼界的。

我们自己拥有的少，见的少，所以MBA对于我们来说，只能是个找高富帅，提高资历，最多是个换工作找跳板的机会。

而对于本身就拥有得多的人来说，MBA可以给予他们的，才会是更多。

给他们带来的是新的思维方式，新的世界和机会，还有一群同样拥有大世界大格局的小伙伴们。

如今，MBA的第二年，他上着课，做着实习，还和小伙伴在硅谷创着业。

见识的少，拥有的少，直接导致我们在同一个机会面前，得到的东西也是截然不同。这是多么残酷的道理。

资本就像滚雪球一样，你的基数越大，能撬动的资本也越大。

机会也是一样。

你拥有的东西，直接决定你能不能撬动更大的机会。

不要怪机会少，是我们拥有的少。

4

一直有人问我，为什么25岁以后，好像永远都在做着同样的事情，然后按部就班地生活？

好像身边同龄的姑娘们都是一样。

就是坐地铁上班，然后做着重复的工作，然后下班，做家务，玩一会儿手机，看一会儿电视，然后睡觉，再重复这一天。生了孩子，就是多加一项，然后做更多的家务。日子循环往复地过，没有一个人能够逃脱这样的生活。

她们说，好像青春永远就停留在25岁，那些肆意大笑，激动人心，永远都有新鲜事儿的日子就停留在25岁，往后便是日复一日的寻常。

我们最常给自己找的借口就是，身边的人，还不都是这样。

我们见的少，我们身边永远是那些和我们过着同样日子的姑娘们，所以我们连机会都不相信了。

我们见的少，所以才从25岁就开始循环往复的生活，所以才得过且过，不期盼未来，所以我们才安慰自己，人生不过是这样的寻常。

然后，你看那些野心勃勃的人们，他们才没管是25岁，还是30岁，还是35岁。而机会也从来都不管你是男生还是女生。

人生有很多个分水岭。你上了一所好大学，只能说，你跨上了20岁这个台阶。

然后，大学毕业，有人选了自己热爱的事业，每天都热情洋溢地工作着，一步一步做着自己想做的事情，跨上了25岁这个台阶。

如果你从25岁就开始得过且过了，那么根本也就没机会去跨那30岁，35岁的台阶。

走着、走着，有些人懈怠了，有些人走散了，有些人止步不前了。

机会永远眷顾着那些拥有的多，见识的多，能够撬动更大机会的人。

而这些人，血从未冷却。

我不敢休息，因为我没有存款；我不敢说累，因为我没有成就；我不敢偷懒，因为我还要生活；我能放弃选择，但是我不能选择放弃。所以坚强，拼搏是我唯一的选择。

读书越少越容易对环境不满，读书越多越容易对自己不满。读书少，看问题往往失于主观简单，归咎外因，牢骚抱怨。书读多了，人变得谦逊、沉着、明晰，更知道自己的短处在哪里，视野提升，心胸开阔，拨云见日，迷途知返。抱怨什么，不如读书。

好好学习的人总是能比别人多一点选择

1

半夜醒来，发现女儿卧室的灯还亮着，就过去看。女儿皱着眉，正在抄写英语单词。

我问，怎么还不睡？女儿气哼哼地说，我今天听写错了几个英语单词，老师让每个词抄写一百遍，还有两百个就抄完了。我问，怎么还错了呢？女儿一翻白眼：没好好背呗。

我边往外走边说：那就别埋怨，老师也是为你们好，希望你们扎实地学好知识。

女儿把书一推：妈妈，学习好苦呀，还是你们大人好，每天上个班就行，你看我都累成狗了。

我苦笑，大人轻松到"每天上个班就行"吗？

2

前几天，我一个表弟有事来找我，脸上大写着一个"沮丧"。

他在一家私企打工，干了六七年了，收入算还凑合。可去年有一段时间他们工厂效益不好，老板说工资暂时按百分之六十开，等效益好了再补上。工人们也没啥意见，既然在一条船上，就得同舟共济吧，再说，那百分之四十只是暂时不发，又不是不给了。

今年上半年，表弟他们工厂的效益特别好，天天加班加点赶订单。大家以为效益好了，去年少发的那部分工资该给了吧？

可迟迟没有发的迹象，几个工人就去问老板，老板一脸无辜：去年不是和大家说好的，厂里效益不好，工资就发百分之六十，大家都同意的啦。工人们面面相觑：不是说效益好了给我们补上吗？

争执了半天，老板死活不承认说过"补上"这话，工人们也拿他没办法。

表弟知道我做HR的，就来讨个主意。

我说这事简单，去劳动部门一反映就解决了。表弟犹豫着说，不是没想过，只是我们和老板闹僵了，饭碗不就砸了？唉，好几千块呢，要是这钱挣得轻松，不要就不要了，可都是用力气换来的钱，想想就心疼。

我一边继续帮他想办法，一边埋怨：你脑壳也不慢，可当初就不好好上学，整天说上学累，你要是能考个大学，找份好工作，还会受这种气吗？

表弟懊恼地说，姐，你就别说了，我后悔有什么用？那会儿我净跟张东打游戏了。

我哼了一声：张东，人家是拼爹的好不好，他可以大字不识，照样住豪宅开豪车，你拼谁？你只能拼自己！你堂姐才是你的榜样。

3

他堂姐是我这些表弟妹里最出息的一个。

今年七月，在法国留学的表妹回国省亲。她这些年忙于学业，在国内重点大学本硕连读，又出国带奖学金读博士。从小成绩拔尖，当年高考在她们县考了第一名。

饭桌上，表妹侃侃而谈，浪漫的欧陆风情让人神往。女儿很羡慕，说，小姨，我长大了也要像你一样，去看看外面的大千世界。表妹鼓励她：好好学习，你会的。

女儿问，就只有学习这一条路吗？

表妹沉吟了一下：对于那些某二代某三代来说，他们通往世界的路有很多条，学习只是其中的一条。但对于我来说，考学可以说是唯一道路。我的父母都是务农的，他们去过最远的地方就是县城。每次我妈妈说起县城就特别兴奋，说那里好大呀，人好多呀，东西好贵呀，我都有想哭的冲动。我从小眼见父母的辛劳，就立志要通过自己努力让他们将来可以改变一下生存状态，享受一下生活。

女儿好奇地问了她最关心的问题：你那么努力不累吗？

表妹笑了：当然累啊。可是，如果你把学习当成一件非常有趣的事去做，开始的时候你觉得很累，可当你一次次踮起脚尖超越了自己，获得了更多的知识和突破之后，你会感觉越来越轻松，越来越快乐。宝贝，比起面朝黄土背朝天，比起建筑工地的烈日暴晒，比起在寒风中叫卖蔬菜水果，你会发现，学习是最轻松快乐的事。不要辜负十几年象牙塔的时光，它足能撑起你的梦想，让你的目标落地生花，人生充满无限可能和希望。

女儿陷入沉思状。

4

是的，孩子，我也知道你学习苦，也不要求你成为第一，但你要在该努力的年龄，不惜余力。

如果在最该努力的年纪选择了庸碌无为，却借口平凡可贵，我敢保证，将来你会非常后悔，却无法言说。

孩子，不要抱怨读书苦，那是你通向世界的路。

罗素说过，人生应该像条河，开头河身狭窄，夹在两岸之间，河水奔腾咆哮，流过巨石，飞下悬崖。后来河面逐渐展宽，两岸离得越来越远，河水也流得较为平缓，最后流进大海，与海水浑然一体。

其实，这也应是学习的历程写照。

走过这段最狭窄的地方，那些你吃过的苦，熬过的夜，做过的题，背过的单词，都会铺成一条宽阔路，带你走到你想去的地方。

作为女性，先要争取经济独立，然后才有资格谈到应该争取什么。十五至二十五岁，争取读书及旅游机会；二十五至三十五，努力工作，继续进修，组织家庭，开始储蓄；三十五岁以后，将工作变为事业，加倍争取学习，一定要拥有若干资产防身。

那些看上去光鲜的人背后一定经历过万千烦恼。张皓宸说，没有谁的成功都是一蹴而就的，你受的委屈，摔的伤痕，背的冷眼，别人都有过，他们身上有光，是因为扛下了黑暗。生活给了一个人多少磨难，日后必会还给他多少幸运，为梦想颠簸的人有很多，不差你一个，但如果坚持到最后，你就是唯一。

你的迷惘是因为你没有在梦想上下功夫

不要迷茫了，把当下的、手头的工作做到极致，前途肯定会一片明朗。请记得：如果需要反省，一定不是在梦想上下功夫，徘徊不定，而是要在才华上卧薪尝胆，反思它为什么不能日渐丰满。

因为写稿的关系，我认识了在杂志社做编辑的女生小陆，工作三年的时间了，依旧时不时地被领导训到叫苦连天，每当这个时候，她都会发狠地说："再训我一次，我就跳槽。"又过去了一年多，不知被训了多少次，她还是没有辞职，仍然口口声声："机会一到，马上走人。"

某一天，我问她："如果你不做编辑了，你想好去做什么了吗？"

她停顿好久才回答："如果我知道我能做什么，早就辞职了。我现在就是太迷茫。"

我试着问："你没有什么特别想做的事情吗？比如说从小到大一直有的梦想。"

她不好意思地说："有啊，我想去做导游，不是国内的这种，而是带国际团的那种。"

"挺好的啊，为什么不去试试呢？"我问。

她噘着嘴说："你知道的，我英语六级都没过，其他的语种一个单词都不会读，我连知道那个国家有哪些景点都不知道，还怎么带别人呢？"

我想也是啊，这个梦想虽然听上去光彩照人，但实现起来确实有难度。好奇的我接着问："为什么最后选择了做编辑呢？"

她蔫了一样，说："本科学的中文，又不想做老师、考公务员，自己比较喜欢而且相对来说容易找到工作的就是编辑了吧。当时来这个小杂志社时，信心满满，想着把它作为过渡，等到能力达到了，有了一定的工作年限，就跳槽去一个大点的杂志社，大学刚毕业时，我告诉自己：做一个好编辑就是我二十岁之后的梦想，但坚持到现在，我却觉得我一点儿也不适合做编辑，社里来了新人都比我做得好，我作为老职工，却一直遭领导批评。我很纠结，我到底还能做什么？"

最近她把自己的心情换成了："迷茫死了，什么活在当下啊，如果连自己应该做什么都不知道，你怎么就能知道自己现在坚持的就是对的。"

说实话，看到这句话的时候，我是挺心痛的。因为我也有过很深的迷茫，到现在也还会时不时地对自己所做的事情感到怀疑，但是我也知道，迷茫是生活的常态，很多时候，它只是才华配不上梦想而已。我们所能做的就是一点点给自己的才华养精蓄锐，在梦想的道路上，狂奔的更快一些，脚踩得更踏实一些。

最可怕的不是我们行动的慢，或是才华增长的少，而是我们一直停留在一个静止的状态，每天都在抱怨和厌倦中度过，而从没有为更好的自己做出一点改变。

小陆就是如此。虽然她经常被领导批评，但是我几乎没有察觉到她在努力修正自己的错误，每次都是发心情，抱怨一通了事儿，下一次，遇到这种问题，同样的错误还会照犯不误。

记得有一次，我们合作一篇人物专访的稿件，我采访完，整理好之后发给她，她告诉我字数有点超了，我说："我正好在外地，不方便用电脑，你可以帮我删一下，或者你若是不着急用，就等我回去之后再改。"

她没有回复，等我过了几天，打开电脑一看，那个稿件原封不动地躺在我的邮箱里，还附上了几句话："因为临近截稿日期了，我就把稿子直接发给了主任，主任说字数太多，又把我训斥了一顿，你看到稿件之后，一小时之内一定要删改好发给我啊，我们一定要尽快，否则我就完蛋了。"

我当时就惊呆了，与其让这个稿子在邮箱里放上两天，你作为一个编辑删删改改难道就不行吗？编辑难道没有这个责任吗？两天的时间足够改好一篇稿子了吧？

后来，我又听其他的作者抱怨她说："有一次，忘记了写某个旅游达人第一次出国旅游的时间，其实在网上一查就可以查到，她却非得给我打电话，让我去查，那次，正好没能及时接到电话，她还生气了。"

还有作者说："我拿到样刊后，看到我的文章里有好几个错别字，虽然我有错在先，但是作为编辑帮作者改几个错别字难道不应该吗？"

于是，我似乎知道了她为什么一直被领导训斥的原因，也明了了她为什么口口声声说自己迷茫的原因。

她不是被领导和其他人否定的，而是被自己否定的。既然你把做一个好编辑作为今后的梦想和事业，那就应该从点滴开始，按照好编辑的要求来训练自己啊，可是她却没有，说白了，在工作这件事上，吊儿郎当，别说是同事不尊敬她，连作者有些讨厌她了。她所谓的迷茫，就是作为一个编辑的才华，还配不上她想作为一名好编辑的梦想。

这怪不得别人，有好几年的时间，可以改变自己来实现梦想，但她却没有让自己的才华和能力，哪怕增长一点点，到最后，只能给自己一个迷茫的定位，艰难度日。

我曾经以为好多人的迷茫是因为没有梦想，但后来我发现我错了，其实，每个人都是有梦想的，这个梦想可大可小，都是值得自己去奔赴的东西。

我有一个表弟，从小到大就是不招人待见的"坏孩子"，打架骂人，凡是和坏有关的事情他都会去做。初中毕业后做了几年的厨师之后，突然转行去学习拳击，家里人都说他不务正业，有一次，我问他为什么会有学拳击的想法，他有些腼腆地说："我从小就想当一个健身教练，上学的时候打架，觉得打得过人家，就说明自己力量大、身体棒，长大之后，才知道必须经过专业的训练才可以。我这种野路子出家的人，不知道可不可以，但我还是想试一试。"

才华也是，有大有小。有大才华的人连吃个东西都可以吃出学问来，而普通之人的才华大多数都是小才华，需要付出很多的汗水和辛劳才能取得那么一点点的进步。但即便如此，每天能处在一点点进步之中的人，绝不会迷茫，相反地，那些看不起或者无视小进步的人，才会真正的迷茫；那些对自己的才华不自知的人，才会真正的迷茫。

所以说，克服迷茫的方法，无外乎其他，就是抓住现有的生活，狠狠地向前，努力让自己做得更好，而不是站在那里，仰望天空，抱怨未来的遥远。我想倘若小陆能够认真对待每一个稿件，即便她的起点很低，三五年的时间内，也足够完成一个华丽的转变，而不是像现在一样，如同刚刚大学毕业的学生一样，抱怨生活的艰难和工作的不适。

如果你有大才华，就去追求大梦想；如果你觉得自己的能力有限，才华也不够支撑起你的野心，那就安静下来，扎进小的失败和挫折中，汲取营养，如果不能成为豹子，那就成为一只漂亮高贵的梅花鹿也是好的，起码人见人爱。

不要迷茫了，把当下的、手头的工作做到极致，前途肯定会一片明朗。请记得：如果需要反省，一定不是在梦想上下功夫，徘徊不定，而是要在才华上卧薪尝胆，反思它为什么不能日渐丰满。

当我骑自行车时，别人说路途太远，根本不可能到达目的地，我没理，半道我换成轿车；当开轿车时，别人说，小伙，再往前开就是悬崖没路了，我没理，继续往前开，开到悬崖我换飞机了，结果我去到了任何我想去的地方。不要让梦想毁在别人的嘴里，因为别人不会为你的梦想负责，所以请百分之一万的相信你自己。

当别人认定了你是错的，就算你冷静地解释了也会越描越黑，还会被认为是在狡辩。不解释却只能吃哑巴亏，会被解读为心虚。如果你为此生气发飙了，那就更加不得了，再有理也会变成错。当别人对你万般地误会，你只能暂且默默忍受。只要做好自己的本分，用实力证明自己，时间会为你说话。

你的实力就是你的竞争力

1

晚上听朋友吐槽了一顿饭的时间，她与我都是今年毕业，进了家业界小有名气的公司。可她进去后才发现公司其实名不副实，有些浪得虚名，不过同事之间的关系相处得很融洽，也就留下了。但今天发生了一件事气得她想要辞职。

下午她处理手头业务的时候，被人事叫去办公室责问。人事大门一关，摆着黑脸问她："谁让你九月份来上班的，不是通知让你们十月份再来吗？"

朋友之前在这家公司实习了四个月，临回学校前公司说如果愿意留下来，处理完毕业相关事宜就可以过来了。

朋友学校毕业得比较晚，七月中旬才算正式毕业，公司这边打了几次电话催她回去上班，朋友说："手上有事，我7、8月处理完，9月去上班。"

而朋友来上班时，之前带过她的前辈还挺高兴，叫她加油工作。没想到临近月末就闹了这么一出，搞得朋友好像故意违约似的。

可朋友首先根本没有收到过所谓的通知，其次员工的工作积极性高涨难道不应该被表扬吗？为什么还要被批评，而且朋友这边刚从人事办公室出来，就发现自己被公司群踢了出来。

我俩一合计，发现20号正好公司财务开始统计出勤和各项补助了，也就意味着开始统计9月份工资。9月份属于朋友公司淡季，活显然没有忙季时把人当牲口用得多，所以朋友哪怕9月份一直有在工作，但公司也觉得要多发一个人的工资，很不合适，于是有了上面这一出。

朋友愤而不平，表示那仨瓜俩枣的破工资还比不上自己写两篇稿子赚得多，原本就是因为喜欢同事间的气氛才留下的，现在连这最后一点留恋都给打破了。

我说，没办法，谁叫我们是公司里最不缺少的菜鸟。

眼见着新大四生都开始出来找实习，我身边的学妹，就整天奔波在各个校招会。实习生是最廉价的劳动力，我当初在所里干了三个月，统共才发了2000块钱的补助，连交通午餐费都得自己往里搭。而我们现在的工作能力比那些实习生高超不到哪里去，在工作履历上还是一张可耻的白纸。老员工不爱教，自己要再没个心思去学，公司巴不得把你气跑了，换上些更廉价耐用的劳动力。

之前中秋我们所里每个人发了300块的礼金卡，就我和一个实习生没有，我回家不开心了挺长时间。

300块钱不多谁都不差那点钱，可"不患寡而患不均"，每个人都有，到你这儿直接被跳过去，很不是滋味。

我和家里说，家人说："你不开心可以理解，但是在老板眼里，你就是气死了他都不会在意。"

没有一家公司是养闲人的，在老板眼里判断一个人值不值得费心的只有使用价值。0资历，0实力这样的人根本不必费心，把你气走了还会有无数人愿意顶替你的位置。

要怪只能怪自己是个实力不足以霸天霸地的菜鸟，你要是个业界大拿，人家老板巴不得你早点上班呢，因为能创造价值。可菜鸟在公司里，只能占用资源，没多大用处。

2

好多刚毕业没几年的朋友总是在抱怨工资低，福利少，整天忙成狗但收入与付出完全不成正比。觉得愤而不平想要甩手走人，可每逢公司放出裁员的风吹草动，他比谁都紧张，不想丢掉这份工作。经济不景气，实力不够的人找工作难于登天。

我之前也抱怨过几次，直到有一回我跟着前辈们出项目，给我分配了几个科目叫我翻凭证自己做出来。

五个科目我做了一周，中间抓狂N次，返工N次，求助N+1次，觉得一周时间根本不够用，几十本凭证逐科逐本翻，任务简直太繁重了。

结果最后一天项目将要收尾，全组就我和另一个实习生还没完成，派来两个外援，用半天的时间就解决了我一周的难题。

那时候我才直面自己与他人的差距，那些被我视为洪水猛兽的，在人家眼里不过小菜一碟，所以能力不够效率还低，有什么资格抱怨工资不够，还不被人重视呢。

这个社会很现实，从来都是拿实力说话。

大学同学曾经给我讲过她的上司，27岁就成了全集团最年轻的地区经理。

她22岁大学毕业，进入跨国公司，1年时间拿下CPA，第二年考下司考，英语专八，工作两年连升三级顺便生了个孩子，怀孕期间，她又拿下了他们行业的几个资格证，回来后直接做到地区副总。过了两年，她发现自己怀了二胎，那时候国家还没有放宽政策，公司委婉地表示要不就先回家休息，她二话不说递了辞呈，这时好几家公司向她递出橄榄枝，都被她拒掉，她决定安心养胎。

孩子一出生，原公司老总亲自出马，请她重新回来工资上调不说，直接提拔做地区总经理。

同学说，她的上司看起来温温婉婉，但只要有她在就像是定海神针能稳住风浪，还能乘风远航。他们公司的业绩最高纪录全是她攻下的，只有她才能不断地打破自己的纪录，别人只有看着的份。

所以哪怕她回家生孩子，期间都有人愿意花大价钱聘用她，怀孕期间不用上班照样高薪供着。

这就是实力，别人学不来也抢不去的，只要她乐意哪怕跌倒谷底，照样可以东山再起。试问随便抓一个抱怨薪水却不敢辞工的人，他们行吗？

3

看过加班加点工作的孕妇，临产前几天还工作到凌晨，怕被人说尸位素餐；也看过小有名气的自媒体人，在赶飞机的车上还拼命写稿；同对接的广告公司职员一起，在中秋节的夜晚吃着泡面赶文案，每一份光鲜亮丽的背后都饱含着不容易。

如果没有外在的重重压力，人都会贪图安逸。大周末的谁不想趴在床上多睡一会儿懒觉，如果可以松懈谁愿意累得像条狗。但也因为这些压力，才会督促人们不住地向前奔跑，跑慢了就会被后面人攒上来取代。

如果周围的人都在努力，你原地不动都算是落后。生活就是这样残酷现实，富有戏剧性。

有的人投出80份简历都未必能接到一份面试通知，有的人还没辞职就早早地被猎头盯上，伸出橄榄枝。有的人累死累活觉得自己干了全世界的活工资还那么低，有的人轻轻松松的工作还能拿到别人数倍的工资。

他做得轻松未必比你干得少，你累死累活可能只是效率不高。你不理解别人拼死拼活考证，嘲笑他最后还不是给老板打工，他缄默不言没告诉你，打工也分三六九等。

回到开篇时和朋友说过的话题：

为什么你积极人家却不承认你。因为你积极带来的产值和工资不成正比，嫌弃工资少，你带来的收益比工资还少。

为什么你嫌弃工作，还不敢辞职，因为抛去表面的神气，还能拎得清自己几斤几两重。

一个人成功的原因不好总结，天时地利人和都是谜题。但一个人失败，无外乎掂量不清自己的分量、估计不出自己的能力，以及败给盲目的自卑与自信。

你想要被人瞧得起，想要被无可替代，想要有一天挺直了腰板拒绝别人的非分要求，你就得拼命做到金字塔的顶尖，不然菜鸟和弱者都没有资格谈条件。

你我都是。

一个拥有真正实力的人，会有内在的光芒，吸引人去发现，绝不能也不会敲锣打鼓地外在炫耀。炫耀只会掩盖了真正的光芒，炫耀会吸引一时，得到肤浅的肯定，炫耀只会让人失去了继续追求真实本事的毅力。

做人不要太玻璃心，不要别人一条信息没回，就觉得自己做错了什么，不要被人一句"呵呵"，就觉得对方是讨厌自己。玻璃心，想太多，什么事都对号入座，何必那么累。

你可以随时转身，但不能一直后退

"你可以随时转身，但不能一直后退"，这是我很喜欢的一句歌词，出自前不久获得诺贝尔文学奖的民谣歌手鲍勃·迪伦。

以此态度，来和年轻人蓬勃易碎的玻璃心抗衡，倒是蛮合适。

美国西部大开发的时候，要从西海岸圣地亚哥到东海岸某个地方，长3000英里的路程，有两种走法。第一种走法是：天清气朗就多走一点，刮风下雨就先找个地方躲起来。第二种走法是：不管风和日丽还是狂风暴雨，每天都必须走20英里。

按照第一种走法，可能永远都到不了目的地。

第二种走法，虽然听起来缺失一种理解性的温柔，却能最快速度到达目的地。

这就是心理学上著名的"20英里法则"，放在现实生活中，能做到如后者般持续推动自己前行的人属凤毛麟角。大多数时候，人们都选择了第一种活法，平坦时笑意盎然大步流星，曲折时黯然伤神停滞不动，天晴我晴，天阴我阴，原本透亮的心，会逐渐在环境的影响拉伸下变得模糊不明。

如果你克服不了玻璃心，就永远也遇不到金手指。

有时候，人真的应该学会自省。王小波说，一个常常在进行着接近自己限度的斗争的人，总是会常常失败的，只有那些安于自己限度之内的生活的人才总是"胜利"。

优秀与平庸之间，往往隔着的不是别人，是自己。

我的一个读者阿茶经常会在后台留言说，自己在工作上力不从心，办公室里领导和同事们老是欺负她，找她的茬儿，感觉像是要孤立她。

秉持着对事物先了解再判断的个人习惯，我决定耐心听她把整个过程的来龙去脉讲完，再给出建议。阿茶最近刚换工作，去了一家正处在冲刺B轮融资的互联网公司，做设计，领导恰恰是她大学时期高几届的学长，同样在视觉传达上有所见地。阿茶交上去的设计样稿，经常性的会被他在会议上单独拎出来说，倒也不是批评，只是点名的次数多了，阿茶心里难免犯嘀咕，这是不是领导故意给自己"穿小鞋"？

时间久了，阿茶开始觉得学长处处都在针对自己。今天这个色调不对，明天那个调性不搭，"一张设计图，他居然让我改三遍以上……这不是明显和我过不去吗。"

"那学长对于你工作的建议，你觉得还算中肯吗？"

"平心而论，他对设计方面的很多指点令我钦佩不已，但是，我就是不喜欢他老是反反复复，让我去修改一个不怎么重要的图纸，太伤我自尊了。"

听到这里，我大概清晰了很多。

其实这种事情蛮常见的，五年前，我在给一家风头正热的青春杂志写小说，稿子是三审，一切情节、构造、人物、故事背景、环境描写，包括细节处是否具备逻辑性，都在他们的考量之中。最烦琐的一次，我一篇稿子连续改了20多天，每天晚上都能收到编辑反馈回来的不同建议，有时是角色刻画力度不够，有时是前后衔接上缺乏说服力，就连女主心理自白的尾处是以"句号"还是"省略号"作为结束语，都是我们讨论了整夜商讨出来的结果。

人的自我暗示，有时是很可怕的。

当时我和我的编辑还不算熟悉，曾经一度，我认为是她在故意刁难我。

出于赌气的心理，我反复克制着自己随时想要"撂挑子不干"的心理，想要证明给她看，我是有可以写出好故事的。那篇稿子，删删改改，最终放在了比预期还要晚一期的刊目上。

登出来之后，我拿了当月最受读者欢迎的栏目奖金。

"其实我是可以放在更前一期的，但当时稿子还没有打磨好，放上去，是对你的敷衍通过，也是对读者的不负责"，我的编辑说。

当时听到这句话的感觉，那叫一个羞愧。

我为自己的玻璃心羞愧，为随意揣摩他人心思羞愧，为将一个为我着想的人当作假想敌而羞愧。时隔多年，当我自己开始组团队带新人，才发现，原来当你看到一个作品，仍存在着可优化、可进步的弹性空间时，你是无法抑制住人类天生的完美主义趋向的。

在工作中，要修炼成一名合格的职业人。除了天性之外，我们还要慢慢经受关于强大体力、精神储备、心理素质等多方面的密集训练。

要学会适当修剪自我。在之前的公司里，只有阿茶一个设计，她的工作就是由自己来审核和衡量，几乎不会有被别人提出质疑或卡顿的情况。长期的独裁主义工作模式，使得阿茶很难以前辈心态去和别人沟通，太敏感，太脆弱，又缺乏沟通的耐心，领导稍加要求便觉得整个世界要背弃自己，天崩地裂。

在工作中，没有不重要的事，任何分工，都是基于合理的存在。你看不到问题的重要性，不代表这件事就不重要。

不就是一篇稿子嘛，可对编辑来讲，这是内容输出的代言。

不就是一张图纸嘛，可对产品来讲，这是搭建框架的模型。

不就是一场活动嘛，可对传播来讲，这是企业文化的落地。

总把不适合当作逃避的接口，其实就是眼高手低。总把不擅长当作偷懒的理由，其实就是不愿动脑。总把领导分配不均当作业绩低的挡箭牌，其实说到底，还不是因为自己不够走心。

我们生存在一个团队里，就要承受这个团队的共运。在职场上的任何一项工作，都不单单是你看到表面上标签化的固态存在，项目和项目之间，环环相扣，任何细节处的漏洞都可能造成满盘皆输。

对自己手下作品负责，就是对整个公司负责。对公司负责，就是对自己整个职业生涯负责。

一个人的时间精力花在那里，是可以看到的。如果一味沉浸在被找茬、被伤害、被孤立的意淫当中去，哪还有工夫，去潜心进步。

玻璃心，注定无法突出成长的重围。

"做人不能不要脸，但千万不要太要脸。"多少玻璃心的天才死在了被人吐了两句槽就跳脚的路上。真正的内心强大，就是活在自己的世界里，而不是活在别人的眼中和嘴上，死要面子毁一生，人生在世，无非是笑笑别人，然后再让别人笑笑自己。

每个人真正要强大起来，都要度过一段没人帮忙、没人支持的日子。所有事情都是自己一个人撑，所有情绪和思想都是只有自己知道。但只要咬牙撑过去，一切就不一样了。无论你是谁，无论你正在经历什么，坚持住，你定会看见最坚强的自己。人活着不是靠泪水博得同情，而是靠汗水赢得掌声！

强大到让不公平无从下手

前几天，朋友约我出去吃饭，一看她的脸，我就知道一定是在哪里又受了气，果不其然，没吃几口，她就开始咬牙切齿地说"如果我将来当了报社领导，第一件要做的事儿就是把我们部的主任给辞退。每次我独立写完一篇大稿，他都会在发表时想尽理由在我名字前罗列上一串名字。这一次，一篇报道获了国家级大奖，他们一点东西没做，署上他们的名字，我也忍了，可是竟然把奖金也要平分！老娘我不伺候了！"

朋友二十七岁，工作四年，勤勤恳恳、没日没夜换来的待遇却和刚刚实习的大学毕业生没有什么区别：被署名、被分奖、被共享成果。我依稀记起大学时，我在杂志社实习时，也遇到过这种情况。

有一天，主编把我叫到办公室，指着那篇本来是我写的、但是署着别人名字的文章说"这篇文章，怎么回事儿？怎么没有你的名字？"我虽然心里在纳闷主编怎么知道是我的文章，但还是微笑着说"做实习生，不是都应该如此吗？写上前辈的名字是应该的，他教会我很多东西。"语气里带着心甘情愿的坦然。

主编又问："你难道不想知道我为什么会知道这件事情吗？"我尴尬一笑，她说："你的文章很有风格，和我们杂志社的每个人都不一样。这篇文章任谁也不会相信是一个在中层做了十几年领导的人写出来的，定是一篇初生牛犊不怕虎的、带着新锐性的年龄人写的，我都能闻到风风火火的味儿。"我心里暗自嘀咕"那又怎么样呢？还不是要署上别人的名字"，她似乎看出了我的心思，继续说："因为各种原因，很多杂志社都存在这种问题。你现在觉得会有些委屈是因为你的弱势，你经验不丰富、能力还不强，但一定不要把这理解为心甘情愿，你这是在蓄积力量。等到将来某一天，你成为知名记者时，你手中的资源、你的能力、你的经验都足够多的时候，你一定不会再受此待遇。所以，要想自己保护自己的成果，就努力向前跑。当你甩出别人几千米时，别人就不会再潜规则你。"

虽然后来，我没有继续自己的记者生涯，但我非常庆幸，在初入职场时，就有前辈给我说了这些话，她让我知道：之所以别人会打压、挖苦、讽刺，甚至利用你，都是因为你还没有能和期望匹配的强大；你之所以感到委屈、不甘，是因为你拥有的还不够多。

设想，如果我们有一百个苹果，别人抢走二十个，我们还能有八十个；而如果我们只有二十个苹果，别人抢走二十个，我们就空空如也。在这个社会上，我们很难去制止别人"不去抢走二十个"，很多时候，我们能做的只是增加我们的储备量。增加储备量，并不意味着我们随便丢弃那"二十个"，毕竟它们也是我们的劳动所得，而是一旦被抢走，我们不会弹尽粮绝，不会觉得天要塌下来。

爱自己的方式之一就是让自己的心情处于相对平稳的状态，不大喜、不大怒，对你争我夺的事儿云淡风轻，反正自己有足够的能量，谁还不会在乎这点蝇头小利，如同富豪不会在商贩面前为了几块钱的东西而吵得面红耳赤一样。让自己有资本对不想掺和、不想纠结的事儿置身事外，也是一种能力。

有时，我们都未必能体会因为"不够多"而感到"委屈"的杀伤力有多大，无论这种"不够多"是在精神层面，还是在物质条件上。

两个朋友从初中时就谈恋爱，连大学在异地都没能让他们分开，周围所有人都相信他们一定会牵手一辈子。但大学毕业后，男生为了自己的音乐梦想苦苦追寻，居无定所不说，赚得那点钱，根本无法维持生活，只能依靠女生的每月三千多块钱的工资过活。女生有过抱怨，出门再紧急也不敢花钱打车，逛商场只能是逛而不能买，公司的同事发型换了十几次了，她却只能简单地梳个马尾。但这些她都能忍，都觉得为了支持男友的梦想是应该的。

直到有一天，她发现自己怀孕了。她知道按照两个人的家庭条件和现在的生活状况，孩子出现得太不是时候，她不能要，他们生不起孩子，即便孩子有幸出生了，他们也没有能力给他哪怕稍微好一点的生活。

于是，她背着男生把孩子偷偷打掉了。但这个没有出生的生命在她的生活里却再也挥之不去，如同在她的评判系统中树立起了一个标杆，一切都开始以它为基点。所以，男生的努力再也没有了梦想的滋味，剩下的只是无所事事和不负责任。他的一切在她眼里都变了味，更多的时候，她思考的是：我凭什么要过不能打车、不能买衣服、不能做头发的生活？还不是因为你不挣钱！

无数次地争吵之后，两个人义无反顾地分手，朋友们都说他们恐怕连敌人都做不成，敌人还会互相伤害，而他们却连多看对方一眼都不肯。

不就是因为"钱不够多吗"？有多少曾经发誓生死不离的人，一旦涉及买房、买车的时候，就转身和另一个人共赴未来了。不管两个人的感情多的坚固，如果持续地、不对等地让一方感到"不够多"，那这个人的委屈定然会发酵的，一点点蓬松起来，直到两个人的感情空了心。

我不觉得钱会有够了的时候，我也不相信没有钱相爱的人就会分开，我只是确信：一个人的委屈到达足够量的时候，她眼里的一切都会变质，她不想都不行。

有一天，一个女孩儿问了我一个看起来有些好笑的问题。她说自己努力学习，可到了考场上，压根儿不学习的室友却让她把答案给她们。她不想，但也怕伤及情谊，只能给了，但觉得自己委屈极了。她问我怎么做。

我没有告诉她社会是如何的公平，或者要去相信努力就一定会有收获这类事情，我不让她去管这些自己不能把握的事情，我只说：你要让自己拥有的足够多。

如果你只拥有考场上那几道题的答案，那他们拿走了，就真的拿走了，说不定得分还比你高；你要拥有他们拿不走的东西，比如持续得学习能力；比如除了学习专业知识之外的其他的能力，包括人际交往能力。你觉得委屈，很多时候是因为他们拿走了你仅仅引以为傲的那唯一的资本。

后来，我读大学的表妹向我抱怨说："快期末考试了，大家都在挑灯夜战，我好怕平时不学习的他们，把我平时努力学到的东西，在几天之内就学会了，如果这样的话，就好不公平啊！"我告诉了她同样的话。如果你平时的学习，只是学到了试卷上的几道题，那你活该委屈。

所以，当你觉得委屈时，别浪费时间去打量这个世界是否公平，没有任何作用，唉声叹气、哭天抢地都没用。让自己拥有的足够多，让自己不断地强大，这样，别人想要对你不公平，似乎也无从下手。更何况，随着你拥有的足够多，他们会自然而然地退出你的生活，因为你已经甩出他们太远，他们已经追不上你了。

嗯。跑得快一点，别和他们同一水平线上就是了。

什么是内心的强大，一位网友说的：不再对失去的事物惋惜对未来惶恐，而是充实眼前的生活并坦然面对一切。不再记恨别人的负面评价，也不因为别人的赞扬沾沾自喜，而是学会正视自己，客户看待他人的评价从别人的评价了解他人。不再嫌贫爱富自私自利，懂得尊重、感恩、体谅。有一个明确的信仰并坚守下去。

忙的时候虽然累，但是忙完了会特别畅快舒服；闲的时候虽然爽，但是闲的时间长了心就慌了。你迷茫的原因往往只有一个，那就是在本该拼命去努力的年纪，想得太多，做得太少。

当你不够好，连迷惘的资格都没有

1

以前在大学的时候，有段时间去做过兼职服务生。

做服务生之前，我简单以为服务生就只是端端菜盘，擦擦桌子，是一门轻松活。

做了之后才发现完全不是这么一回事。

比如说：客人多却又上菜慢的时候你怎么样才能够安抚客人的情绪？

又比如说：怎么样才能够跟上客人快速点单？

甚至于怎么样说话才能够让客人第一眼就被吸引进入你家餐厅吃饭？

这些，都是学问。

进去的第一天领班带领我熟悉整个流程。

见到客人第一句要说："欢迎光临。"声音响亮之中要带有热情，抬头看向客人更要面带微笑。

手里拿着托盘放置餐具的时候更是要注意，筷子要放置在客人的右手边

杯子里的水温要恰到好处，若是过热更要提醒客人

菜单放在客人方便拿的地方，点单的时候快速记录客人需要的菜色

饮料更是要注意是放冰块还是常温，或者是加热，厨房若是没有这道

菜更是要及时说明。

上菜的时候也要小心，两手托着菜盘，且不说臂力的问题，你却也是要记住，哪一道菜是哪桌的，不能够放错

放下菜盘的时候也要注意摆放位置，轻拿轻放，面带微笑，是身为服务生的基本素质。

至于客人买单之后一系列的收尾工作，更不用提。

发现没有，我们觉得很简单的服务生的工作，其实一点儿也不容易。

我刚刚进去的时候，盘子都不会端，因为臂力不够，那时候，领班姐姐告诉我："你没训练过，挺正常，我当年在培训学校，就只是端盘子，端了四个月。"

到了现在这会儿，她两只手各一个托盘，上面各放着三四个菜，也是轻轻松松，举止优美。

摆放餐具也不容易，在不打扰客人的基础之上快速放好碗筷，前后左右顺序都不能够错

因为我是左撇子，一开始的时候总是习惯性把筷子放到左边，这是一个小细节，却是对客人的一个不方便。

抬头看向客人更是要笑意冉冉，语气温和，"做服务行业，客人就是上帝，哪怕心里面有再大的火气，面对客人，你永远要嘴角上扬。"这是我进去的时候领班姐姐告诉我的第一句话。

有次空闲的时候我问领班姐姐："姐姐，你做这个做了多久了？"

"在学校训练了两年，后来就辗转各地的分店，一开始是服务员，后来慢慢变成了领班，仔细算算，有七年了吧。"

七年，从普通服务生到领班，是对自身专业的磨炼。一个看似平凡无奇的工种，可是身处其中，你才会发现，想要做好，并不那么简单，仪态，妆容，速度，声音，体力种种的配合之下才能够达到良好的状态。每一件事，做，很容易，做好很难。

因为做好，需要技术，需要专业，需要耐心。

我辞职离开的时候，领班姐姐笑着拥抱我，她告诉我不久以后她要去上海了，新店开张，需要一位新的店长。

她升职了。

一项服务生的工作，她仔细研究，七年时间，从手无缚鸡之力的小女生修炼成两手托盘的大女人。从一点就爆的火暴脾气的服务员修炼成笑意冉冉处变不惊的一店之长。

上天尊重每一个人的努力，也尊重每一项工作，关键只在于你，究竟肯不肯潜心研究，细心钻研，只要你肯用心，再不起眼的工作也能够焕发生命之光。

2

有读者向我倾诉她上了多年的班只是个小会计，拿着每月三四千的工资也不见涨，感觉生活很迷茫。

然后我问她：做会计的话EXCEL会吗？

她告诉我不精通。

然后她又说她喜欢英语，喜欢写作。

可是，你连工作之时的EXCEL都不精通，这意味着你连本职工作都没有做好，你喜欢英语，喜欢写作没有问题，可是这不能够成为你工作的障碍。

有读者告诉我他不喜欢本专业，喜欢读英语问我学英语有什么妙招。

可是，我更想要说的是不喜欢本专业，可是你努力去了解过你的专业吗？因为不喜欢就放弃专业了吗？你连真正的接触了解都没有，其实连说喜欢的资格都没有。

我们都太浮躁了，拼命把自己武装，想要成为无所不能的青年，可是有的时候就是忘了，那些现阶段应该掌握的东西，才是我们最应该利用起来的，才是我们今后生存的根本。

我们看了一部美剧，就想要学好英语，随后立下重誓。

紧接着，我们又迷上了韩国明星，想要去韩国见欧巴，所以想要学习韩语，然后又拿起了韩语书。

后来，我们发现会计证很有用，于是又去买了会计书。

然后，我们又发现，自媒体搞笑视频比较流行，突然又想要变成网红。

最后，我们才发现，自己样貌平平，似乎连成为网红的特色都没有。

一转头回来看，英语勉强过了四级，韩语就学了前面几课，会计证也没有拿到，自己录制的搞笑视频似乎也就只有朋友来看。

没错，一事无成。

然后仰天长叹，一句我好迷茫。

我们，总是想要太多，坚持太少。

社会浮躁太多，人人都在告诉你成功秘诀。

可是，成功有的时候就是一条道路走到底。

想要学好英语，就拼命学英语，等到把英语学得够好了再学韩语。

想要写作，就拼命读书写作，搞笑视频压根就不适合你。

上苍从来不亏待努力的人，只是你若是才走几步，就想要调转回头，往另外一个方向跑，它也拦不住你，但是，此刻的你，一切清零，又得从头开始。到时候，别怨天尤人说自己好努力，其实你才走了短短几步。

要知道，当你不够好，连说"不"的资格都没有。

当你还是半吊子，连说"迷茫"的资格也没有，哪怕你的确迷茫。

每当夜晚时辗转在床上，不知道自己到底想要些什么，想要过什么样的生活。是现在的生活过于空白，还是内心过于空虚，我们到底都怎么了？我们是不是总是喜欢无病呻吟，还是真的喜欢这种自欺欺人的想法？过着分明幸福，却笑不出来的生活。是我们要求的太多，还是真的上天给予的太少？

世态炎凉，无须迎合，人情冷暖，勿去在意。身在万物中，心在万物上。静听大海潮起潮落，笑看天边雁去雁回。宠辱不惊，去留无意，以平常心对待无常事，淡然看待人生的得失，荣辱与成败。在纷扰喧嚣的红尘，亦能简单明约，空静安然地享受生命与生活。

学会断舍离，生命定会重启

提笔写字的时候，突然一句"无论如何都要好好爱自己"，磁性的声音通过电波传入我耳。是啊，不管你的处境有多少不堪，你的生活有多艰难，也别忘了好好爱自己。可有时候，我们连什么是爱都不懂，更别提如何去爱了。

A与B结婚已经有五年了，大到打架，小到吵架，三天两头上演着旁人看不懂的戏码，从不间断！以至于现在，A每遇到一人，就开始列举婆婆的种种不是。就如婆婆在一大早的集市上，数落媳妇样样皆不入她眼一样的。第一次听她向我诉说的时候，我说："如果婆媳关系处理不好的话，你们一家人可以搬出来住，不必每天会一点点鸡毛蒜皮的事缠在一起。"

"我也有这种打算，也与老公商量过，过了这个年，就搬出去住。租个小套间，总好比在那个家。"A边说边期盼着新的生活。可年过后很久，仍然未见他们搬出来分开住，也未见她的婆媳关系有任何改善，而是越加恶劣。

每次聚餐，如果中间不打断，A能一边吧唧吧唧地嚼着东西，一边吧啦吧啦地把她的家事从开始说到结束。

"我婆婆如果在街上碰到一个人，就会指责地说道：'你看，她这张脸得值多少钱啊，买这么多化妆品，就知道花钱，一点也不懂得持家'……"

有一次小孩生病，她让公公陪她一起去医院，婆婆又开始对着她念叨：你看你，没男人就不行；哪像我，什么都靠我自己……

A说："每一天凌晨四点来钟，婆婆就起床，噼里啪啦地在她门口捣鼓着什么东西，致使她刚起床喂完第二顿奶就再也别想接着睡……"

我很严肃地问她："这种生活你还需要维持多久，你还要等到什么时候才搬出去，远离你婆婆？"

她叹了口气说："到外面租房子一年的房租要一万几，这几年经济这么紧张，想想就算了，在家凑合着过吧。"

"既然你这么想，就把你婆婆的话当空气，放宽心，别理她说的那些乱七八糟的话，如何？你做得到吗？"

A思考了很久，还是未做任何决定。

很多时候，想法决定行动，行动决定结果。A的优柔寡断、犹豫不决，都在一点点地葬送她所向往的生活。也同时在毁灭她的婚姻。

我们同情她的遭遇，可怜她的处境。可每次我们的苦口婆心都未能让她向前迈出那一步，跨过那道坎，我们说得再多都无济于事。最终，你会发现，所有的苦难都是她自找的……

就像这次，A在烧饭时候，她婆婆从外面进来，不痒不痛地来了一句："你看，又是鱼，又是虾，真是贵族的生活。"

许久压抑在心中的怒火，突然爆发了，A大声地吼了一声："你再说一句……"

这时她婆婆也不甘示弱，叫嚣着："谁家媳妇像你这样？就知道吃好，穿好……"

没等她婆婆说完，"啪"的一声，A狠狠地给了她婆婆一巴掌。继而扭打一起。

看着如此混乱的场面，加上本就糟糕的婚姻本身。A老公B顺手拿起一张凳子，狠狠地向他妈的腿砸去。没等众人反应过来，继而一个拳头重重地砸向墙壁，随着玻璃碹窸窸窣窣落地的声音，一张原先幸福笑容的一对璧人照已变得面目全非……

这场闹剧的最终结果就是B和婆婆都进了医院，公公辞了职在家照顾骨折的婆婆；A一边在医院照顾着住院的儿子，一边还要回家帮受伤的老公B洗衣做饭。

也许大家都会说：生活还得继续，女人受再大的委屈，不还得侍候完大的，再来服侍小的。可是，凭什么啊，凭什么女人就要忍气吞声，凭什么女人就不能有选择的权利，凭什么女人嫁为人妇，就得成豆腐渣……可在世俗眼里，女人可不都是这样吗？

我能想象，多年后的今天，A仍然跟她婆婆住在一起，仍旧与她婆婆过着唇枪舌剑、弹打雨淋的生活，依然撑着那破败不堪的婚姻，喘着粗气，小心翼翼地跟B一直"白头到老"……

多年后的今天，我希望A能与她婆婆坐在院子门口，晒着太阳，嗑着瓜子唠着嗑，与B相敬如宾平平淡淡地一直携手到老……

岁岁年年花相似，年年岁岁人不同！但愿我的想象只是个想象而已，但愿我的假设只是个假设。

在与同事的一次偶尔聊天中，同事说："你都不像有孩子，有家庭的人？"我很好奇，问："为什么？"

同事说："一般结了婚的女人，每天聊天不是婆婆长，就是老公短；有了孩子的女人，天天的话题也围绕着孩子。"

我哈哈地笑了。原来对很多非婚女性来说，已婚并已有孩子的女人状态是这样的。除了老公孩子，似乎永远没有属于自己的事。同事问我是如何做到的，我说："很简单：充实自己，去做自己想做的事，去实现自己未能实现的梦想。"

很多时候，我们无法跟随自己的心放下悲痛，也无法让自己变得强大从困境中走出，就因为有太多牵挂，就因为有太多不舍。我们把所有的一切都看得太重，甚至重过自己的生命。但既然你有勇气去抱怨生活的不公，有时间去抱怨别人的不是，为什么就不能停下你的抱怨，让自己变得更强大呢？说实话，大家都很忙，如果自己不学会变更某些方式，没有人会可怜你，也没有人同情你。

家庭不是我们的全部，它只是我们生活的一小部分。我们还有很多很多事可以做。即使你有很多理由可以去抱怨，我们也没有必要让自己深陷泥潭不能自拔。当你想明白你想要什么样的生活，并努力为之，你必定会得之！

学会断舍离，生命定会重启。学不会，抱怨再多，都不顶用。

人生遇到挫折，唯有后退一步，方能看清前行方向。暂时退却，明辨厉害，洞明世事，才能更好地前行。退一步，是心灵的一种释然，也是一种大智。人生的许多烦恼，皆因遇事不肯退一步。人生如棋，制胜之道不在于几个棋子的得失，而在于占势。不贪一时一地之微利，不在细枝末节纠缠不休，才是制胜王道。

受得了多大的委屈

做得了多大的事

人生的幸福，一部分来源于自己的努力，一部分来源于选择。两者相加的总分便是你的幸福值。天上不会掉馅饼，努力很重要。选择决定方向，方向决定命运。为事在人，成事在天。我们能做的，就是走好当下的路，用心去选择。

不要把关注点放在诋毁你的人身上

有些人尝不到甜头，就一定希望你也垮下去。

记得某位明星在做节目的时候说了一句话，大意是这样，网上有十个人赞美你，一个人诋毁你，你就很容易把关注点放在这一个人的身上。

这简直说出了一个群体的痛苦。

我对娱乐圈一直不敏感，但总觉得演员这职业并非每个凡人都可以做得来，再美貌的范冰冰，再努力的杨幂，再低调的霍建华……不管是谁，只要站在舞台上的那一刻就担上了风险，以后的每一秒钟都会有人拿着放大镜去观望你的瑕疵，随之而来的是肆无忌惮的抨击，诋毁，嘲笑……

在娱乐圈里，谁结婚都不是什么大事，吃瓜群众更愿意看的，是出轨离婚，撕x大戏，财产分割，以及更多的悲剧……

这世界上有很多光明，却也有很多人性的黑暗，它们有着最可怕的力量，暗地里盘算着想要打倒哪个人，即便他们善良又努力。

很多人都希望我过得不好，这事儿我从前是不信的。

1

我一向与人为善，身上也没有什么值得别人嫉妒的特质，然而还是无意间听到，同一个人的声音在面前的赞美和在背后的诋毁。

原来不是所有人，都真心希望你过得越来越幸福。

大概三年前我和一个朋友吃饭，她说起自己刚刚帮助一个姑娘安了家，那姑娘初来乍到，异国他乡中连一个熟人都没有，朋友帮她安顿好一切，饭桌上她和我描述这姑娘的苦，我还记得她的眼圈红起来。

我和朋友几个月前见面，她打开手机给我看那个姑娘的朋友圈，她说，"xx最近逍遥得很，去各个地方旅游呢，好像是做的小生意赚钱了，真得瑟！"

我凑过去看，哪有什么得瑟的痕迹，分明就是朋友的嫉妒心在作祟：三年里那姑娘从未停歇过努力，为什么不值得拥有越过越好的理由？

我们的同情心泛滥，包容心却太少。

人类真是奇怪的生物，我们常说患难见真情，但是在那些苦难之中，有多少人伸出了援手只是为了满足自己的虚荣心，而却见不得那个患难的人有一天过得比自己好。

2

前一阵子公众号上出现一个活宝，几乎每天给我留言"越来越不喜欢你"，可是他还是一篇一篇文章地看下去不舍得拉黑我。

也许几年前的自己会问问他为何如此讨厌我，但现在的自己真的没时间告诉他我的日子有多忙碌，我每周去一次汉密尔顿邮寄微店产品，每几周去奥克兰见朋友谈工作，每两周教朋友汉语，每周去上日语课，每天六点半出现在健身房练人鱼线，也在准备考移民咨询师的考试，同时新书，合集，公众号，合作事宜……每一件事都占据了我生活的一席地。

这一年中，我一心努力为生活拓展新的维度，即便有时撞见黑暗，心也总是踏实的，我知道自己不必回应半句，就会有一个声音替我这样说，现在忙着呢，哪有时间关心你喜不喜欢我？

我已经过了热衷互撕的年龄了，活明白了许多，人生不必在乎没来由的负能量，最幸福的就是有那么三五个知心好友，开心的时候一起分享，不顺心的时候能够袒露心扉，互相支撑，不怕有谁落井下石。

这些年感谢人生赋予我很多理智：比如，不必花时间和人互撕，自己过得好才是王道。

但我还是保留了年少时的一点轻狂：别人越希望我过得不好，我就是要幸福给他们看。

我相信每个人都有过被否认被质疑被嫉妒的低谷，在这里把这句话送给你："别人越希望我过得不好，我就是要幸福给他们看。"

时光越老人心越淡。曾经说好了生死与共的人，到最后老死不相往来。美好的容颜，真实的情感，幸福的生活。也许我们无法做到视若无睹，但也不必干戈相向。毕竟谁都拥有过花好月圆的时光，那时候，就要做好有一天被洗劫一空的准备。等你发现时间是贼了，它早已偷光你的选择。

你害怕得越多，那么困难就越多；什么都不怕的时候一切反而没那么难。这世界就是这样，当你把不敢去实现梦想的时候梦想会离你越来越远，当你勇敢地去追梦的时候，一切都会为你让道，尽情地追逐吧。

踩着困难向前

生活，就像是一条河流，无论前方是潮平岸阔还是暗礁密布，你只许往前走，不允许往后退。从跌倒后哭哭啼啼的不知所措，到奔跑时脸蛋上那自豪的微笑，不经历跌倒的孩子永远也学不会走路。

成功的路上，必定有鲜花，也有荆棘；有欢笑，也有眼泪；有梦，当然也有梦破碎的时候……人生的道路也总会有许多坑坑洼洼，摔倒后，每一次的抱怨和愤懑，会停滞你前行的步伐，而每一次的接受和改变，将激励你勇往直前。

刚毕业的苏小姐在一家公司做文案，工资不高，但她认真地做好每一件事。从踏进公司的那一刻起，抱着学习态度的她处处小心留意，一心要把工作做得最好。别人不加班，她加；别人不想做的脏活、累活，她做。无论是会议纪要、领导致辞、活动方案、新闻通稿，没有什么职场经验的苏小姐，只想通过自己的努力，赢得公司的认可。

但她的努力并没有引起老板的注意，相反，却让她的同事心生怨念。他们认为苏小姐太爱出风头，一个人完成整个部门的工作，不把前辈放在眼里，没有一点团队精神，而且"屡教不改"。慢慢地，大家开始在背后诋毁她，在工作中孤立她、欺负她，几次三番地打她的小报告，她的主管也认为她不称职。

两个月的试用期后，苏小姐被叫到了人事副总的办公室，人事副总对她说，对于企业来说，最重要的是团队精神，如果所有人都觉得你不行，那说明，你并不适合这个公司，特别是在私企，每一分钱都得花在刀刃上，像苏小姐这种人，不适合出来工作。

苏小姐被说傻了，她不知道自己哪里做错了，更没有想到她的付出竟然得到这种评价。不过她没有生气，微笑地说："你说我不适合出来工作是你的看法，这并不代表我的能力就是如此！"

人事副总也毫不客气，他说任何一家企业都不需要苏小姐这种爱出风头的人，任何一个团队都不需要苏小姐这样的老鼠屎。

面对人事副总的刁难，苏小姐一直保持冷静，她说她尊重他的看法，但无论他怎么说，苏小姐相信自己的能力，也相信自己的认真。并且，很正式地宣布，从今天开始，她辞职了！

辞职后的苏小姐，并没有受前公司的影响，更没有因此而怀疑自己的能力。相反，她开始总结，为什么自己的辛勤劳动却会被人诋毁？被指责没有团队精神？正是这次的辞职，让苏小姐理解了，并不是每一个团队都适合自己的理想。

之后，苏小姐从销售做起，被无数人骂骗子，遭到无数人的白眼，被主管一次又一次劈头盖脸地说没用。每次受挫时，苏小姐冷静地分析其中的原因，总结不足之处，再乐观地前行。没几年光景，她成为某品牌大区金牌销售，带出了数十个精英销售团队。

相信，很多人都遭遇过这样的情况，被客户骂是猪，被同事说没团队精神。有时候，是因为能力不足，是还不清楚自身在团队中的支点。在面对同事的误会时，不必急于反驳，没有人会无来由地误会你，除非是你的行为损害了他们的利益。遇到辱骂，首先要冷静，这样你才能看清自己的缺点，才能看清辱骂背后的起因和机遇。

面对打击，不要一蹶不振或者怨天尤人，而是要冷静的分析自己失败的原因，找准问题、改正问题，跌倒了，就爬起来继续勇敢地走下去，何惧没有鲜花和掌声？

每一个团队其实都有自己的气质，有些团队适合做事业，有些团队适合混日子。对于你来说，选择一个什么样的团队，决定了你未来的生存方式，以及与理想之间的距离。

团队出了问题，你不站出来，或者勇敢离开，却坐在那里怨天尤人，路不会在你的脚下，只会在你的前方。所谓的成功，不过是一次又一次选择，一次又一次的跌倒、前行、再跌倒、再前行。

通往成功的大道上，困难、挫折必不可少，每一次跌倒后的深思，每一次爬起后的前行，都将助力于你披荆斩棘，把困难踩在脚下，拉近与梦想的距离。每一次跌倒后的领悟，便是一份成长；无数次跌倒后的领悟，便是成功！

老天不给你困难，你又如何看透人心；老天不给你失败，你又如何发现身边的人是真是假；老天不给你孤独，你又如何反思自省；老天不给你生命中配上君子和小人，你又如何懂得提高智商！老天对我们每个人都是公平的，有人让你哭了，一定会有人让你笑。

人生，不要被安逸所控制，决定成功的，是奋斗。人生，不要被他人所控制，决定命运的，是自己。没有过不去的坎，让自己跨越的姿势美一点。人生中，会发生什么都并不重要，重要的是你如何去应对它。世上没人能赎回过去，珍惜你的眼前，别等失去再追悔回不去的曾经。

懂得挖一口属于自己的井

在微博上，一个朋友向我抱怨，说自己在一家公司工作了5年了，任劳任怨，却一直得不到上司的提拔和重用，心中十分苦恼。

5年的时间不算短，在跳槽频繁的当今社会，5年在一家公司就职实属难得。但为什么工作了5年却没有得到晋升的机会呢？我详细了解了朋友的工作情况。

我的这位朋友名字叫刘健，是一名留学咨询机构的咨询员。工作中，他无疑是出色的，面对顾客，总能保持十二分的热忱和耐心，有问必答，深受顾客好评。与同事相处，他也是亲切友善、风趣幽默，跟他一起总不会冷场，大家都十分喜欢和他相处。然而一下班，刘健就像一只撒了气的气球，变得无精打采。

他说，每次下班回家的路上，不管是坐车还是走路，他都如同行尸走肉，提不起精神跟人打招呼，对一切事物都没兴趣，即使回到家里，面对家人，他也是兴致缺缺，大部分时间都是坐在电脑前打发时间，却又不知道应该干什么，总是混一天是一天。时间一久，他的太太开始抱怨他越来越冷淡，觉得他变了，甚至怀疑他是不是有外遇了。他感觉自己的人生就如同时钟，只是每天按部就班地进行，没有尽头没有激情，即使节假日他也只能窝在家里睡觉，什么都不想做。

"难道我的人生就只能这样了？"刘健一脸愁容。

听完朋友的故事，我终于明白他在公司工作5年没有升职的原因了。

生活中，很多人像刘健一样，忙忙碌碌，日复一日，固定的生活模式成了一种必然，但成功却没有青睐他们，为什么会这样呢？我想，之所以造成这种结果，很大一部分原因在于他们的目光看得不够远。俗话说，精明的人看得懂，高明的人看得远。如果我们的注意力仅仅盯着眼前的薪水，满足于手头的工作，而不去提升自己的能力，去发现更辽阔的天空，我们又怎能在未来为自己赢得一片天地呢？

从公司领的薪水再多，也都是老板给予的。看得远的人不仅仅看到眼前的薪水，他们更懂得去挖一口属于自己的井，让财路源源不断。

下面这则发人深省的故事，就深刻地告诉了我们这样一个道理。

两个和尚住在隔壁，所谓隔壁就是他们分别住在相邻的两座山上的庙里。两座山之间有一条溪，这两个和尚每天都会在同一时间下山去溪边挑水，久而久之，他们便成为好朋友。

就这样，时间在每天挑水中不知不觉已经过了5年。突然有一天，左边这座山的和尚没有下山挑水，右边那座山的和尚心想："他大概睡过头了。"便不以为然。

哪知道第二天左边这座山的和尚还是没有下山挑水，第三天也一样。过了一个星期还是一样，直到过了一个月，右边那座山的和尚终于忍不住了，他心想："我的朋友可能生病了，我要过去拜访他，看看能帮上什么忙。"

于是他便爬上了左边这座山，去探望他的老朋友。

等他到了左边这座山的庙里，看到他的老友之后大吃一惊，因为他的老友正在庙里打太极拳，一点也不像一个月没喝水的人。他很好奇地问："你已经一个月没有下山挑水了，难道你可以不用喝水吗？"左边这座山的和尚说："来来来，我带你去看。"

于是他带着右边那座山的和尚走到庙的后院，指着一口井说："这5年来，我每天做完功课后都会抽空挖这口井，即使有时很忙，能挖多少就算多少。如今终于让我挖出井水，我就不用再下山挑水，可以有更多时间练我喜欢的太极拳。"

看得远的人，明白再多薪水都是"挑水"，他们不把目光局限在这里，他们懂得必须挖一口属于自己的井，这样，即使到了挑不动水的暮年，还是可以有水喝，而且喝得很悠闲。

如果老天善待你，给了你优越的生活，请不要收敛了自己的斗志；如果老天对你百般设障，更请不要磨灭了信心和向前奋斗的勇气。当你想要放弃了，一定要想想那些睡得比你晚，起得比你早跑得比你卖力，天赋还比你高的牛人，他们早已在晨光中，跑向那个你永远只能眺望的远方。

我们每个人的出身是不同的，有些人刚出生就是少爷，而有的人刚出生就注定要自己奋斗，我们不应该抱怨这些起点的不公，也许你的父母已经把他们最好的给予了你。

决定你人生的不是出身而是你的奋斗

当父亲叹着气，颤抖着手将四处求借来的4533元递来的那一刻，他清楚地明白交完4100元的学费、杂费，这一学期属于他自由支配的费用就只有433元了！

他也清楚，老迈的父亲已经尽了全力，再也无法给予他更多。

"爹，你放心吧，儿子还有一双手，一双腿呢。"

强抑着辛酸，他笑着安慰完父亲，转身走向那条弯弯的山路。

转身的刹那，有泪流出。

穿着那双半新的胶鞋，走完120里山路，再花上68块钱坐车，终点就是他梦寐以求的大学。

到了学校，扣除车费，交上学费，他的手里仅剩下可怜的365块钱。

5个月，300多块，应该如何分配才能熬过这一学期？

看着身边那些脖子上挂着MP4、穿着时尚品牌的同学来来往往，笑着冲他打招呼，他也跟着笑，只是无人知道，他的心里正泪水汹涌。

饭，只吃两顿，每顿控制在2块钱以内，这是他给自己拟定的最低开销。可即便这样，也无法维持到期末。

思来想去，他一狠心，跑到手机店花150块买了一部旧手机，除了能打能接听外，仅有短信功能。

第二天，学校的各个宣传栏里便贴出了一张张手写的小广告：

"你需要代理服务吗？如果你不想去买饭、打开水、交纳话费……请拨打电话告诉我，我会在最短的时间内为你服务。校内代理每次1元，校外1公里内代理每次2元。"

小广告一出，他的手机几乎成了最繁忙的"热线"。

一位大四美术系的师哥第一个打来电话："我这人懒，早晨不愿起床买饭。这事就拜托你了！"

"行！每天早上七点我准时送到你的寝室。"他兴奋地刚记下第一单生意。

又有一位同学发来短信："你能帮我买双拖鞋送到504吗？41码，要防臭的。"

他是个聪明的男孩。入校没多久，他便发现了一个有趣的现象：校园里，特别是大三大四的学生，"蜗居"一族越来越多。所谓"蜗居"就是一些家境比较好的同学整日缩在宿舍里看书、玩电脑，甚至连饭菜都不愿下楼去打。

而他又是在大山里长大的，坑洼不平的山路给了他一双"快脚"，奔跑是他的特长，上五楼六楼也就是一眨眼的事。

当天下午，一位同学打来电话，让他去校外的一家外卖快餐店，买一份15元标准的快餐。

他挂断电话，一阵风似的去了。来回没用上10分钟。这也太快了！那位同学当即掏出20块钱，递给他，说不用找了。他找回3块。因为事先说好的，出校门，代理费2元。做生意嘛，无论大小都要讲信用。

后来就冲这效率这信用，各个寝室只要有采购的事，总会想到他。

能有如此火爆的生意，的确出乎他的意料。有时一下课，手机一打开，里面便堆满了各种各样要求代理的信息。

一天下午，倾盆大雨哗哗地下，手机却不失时机地响了，是位女生发来的短信。女生说，她需要一把雨伞，越快越好。接到信息，他一头冲进了雨里。等被浇成"落汤鸡"的他把雨伞送到女生手上时，女生感动不已。

随着知名度的提高，他的生意越来越好，只要顾客需求，他总会提供最快捷最优质的服务。

仿佛是一转眼，第一学期就在他不停地奔跑中结束了。

寒假回家，老父亲还在为他的学费发愁，他却掏出1000块钱塞到父亲的手里："爹，虽然你没有给我一个富裕的家，可你给了我一双善于奔跑的双腿。凭着这双腿，我一定能'跑'完大学，跑出个名堂来！"

转过年，他不再单兵作战，而是招了几个家境不好的朋友，为全校甚至外校的顾客做代理。代理范围也不断扩大，慢慢地从零零碎碎的生活用品扩展到电脑配件、电子产品。

等这一学期跑下来，他不仅购置了电脑，在网络上拥有了庞大的顾客群，还被一家大商场选中，做起了校园总代理。

奔跑，奔跑，不停地奔跑，他一路跑向了成功。

他说，大学四年，他不仅要出色地完成学业，还要赚取将来创业的"第一桶金"。

他把"第一桶金"的数额定为50万。他的名字叫何家南，一个从大兴安岭腹地跑出，径直跑进省师范大学的大三学子。

你不能决定太阳几点升起，但可以决定自己几点起床。你不能控制生命的长度，但可以增加生命的宽度。别嫉妒别人的成功，在你看不见的时候，他们流下了你想象不到的汗水。与其羡慕，不如奋斗！

一个拥有真正实力的人，会有内在的光芒，吸引人去发现，绝不能也不会敲锣打鼓地外在炫耀。炫耀只会掩盖了真正的光芒，炫耀会吸引一时，得到肤浅的肯定，炫耀只会让人失去了继续追求真实本事的毅力。

能一路越走越好的，
绝非运气而是你的实力

1

和几个朋友聊天，说起一些在网络上爆红的作者。我感慨：真是厉害啊，短短几个月就火了。

他们纷纷摇头，说，有些事情你要看明白，他们并不是一蹴而就。他们耗费了多少精力在读书与写作上，你是不可能知道的。有位作者，我认识她多年，她的阅读量和创作量都多到惊人。熬了这么些年，才开始慢慢出头。你如果有她的坚持和阅历，终有一日，必有斩获。

不得不承认，我又一次狭隘了。习惯性地看到别人的闪闪发光，自觉地忽略他的汗水磅礴。

从前我一直认为，人的运气有好坏之别。为了逃避，把一些失败归咎于时运不济。直到后来，我开始渐渐相信，那些能一路越走越好的，绝非运气主宰，而是实力所趋。运气，最多让人昙花一现。若你足够好，终将能遇到你所渴望的。

2

我有一个小叔,未满30岁就已经是一家公司的总经理,日子过得羡煞众人。此前他在清华大学读书,成绩优异,尚未毕业已经有好几个企业想与他签约,其中一家公司给出了大学学费全免、赠送一套房产的优渥条件。

我老妈坚持认为,是困境成就了小叔的飞黄腾达。他积年累月穿着打满了补丁的衣服,鞋子辨不出原先的颜色,鞋帮和鞋底裂开了长长的口子,用麻线潦草地缝着。小叔的姐姐,一头长发像瀑布一样美丽,可第二年变成了齐耳短发。头发卖了,她说,能卖50块钱呢,真值,够一家人一个月的生活费了。

贫穷带来的自卑感如影随形。虽然小叔成绩佼佼,只要一走进考场,便有无所适从的不安。高考,他考砸了。不甘心,复读一年,仍然考砸。

他放弃的理由有千万条。他不放弃的理由只有一条:不能就这么放弃了自己。

于是,他说服父母,屏蔽周遭的目光,第三年终于考取梦寐以求的清华大学。

前几天和他聊天,小叔说,"我从不感谢苦难,真的。每一次从泥潭里挣扎出来,靠的不过是那点坚持。再看过去,说感谢倒不如说庆幸,还好那时候,自己没放弃。"

如果放弃了,人们只会为你感叹一句"命运多舛"。但因为没放弃,而今这些苦难成了皇冠上的宝石,人们会说这是上天的馈赠。可真正从苦难里摸爬滚打出来了,才能知道,重要的不是你承受了什么样的痛苦,重要的是穿过这些重重苦难,你是什么样的人。

有人说,你要配得上你受的苦难。不!你要打败苦难,让它配得上你。

3

我有个好朋友在感情上总是走一步错一步，明明只是贪一点真心，贪一点温暖，但遭遇的都是冰冷的现实。

她的初恋在大学时期。男生疯狂地追求她，送花送礼物，送到整个寝室楼呼喊声此起彼伏，她最终答应与他交往，一度被奉为校园"金童玉女"。她逐渐进入状态，有点飘飘然。然而，像百米冲刺一样，她刚做好准备，对手已经到终点了。跑到终点的他对她说："我们分手吧。你只是长得有点像我的前女友。分手后，觉得寂寞，所以追你，现在她回来了……你懂的。"

其后，她遇到了各种各样不靠谱的男生。某个夜晚，她在朋友圈里发了一条状态：踩着伤害成长起来。

伤害了就是伤害了。那些砥砺岁月里，伤害带来的失落、绝望，曾真真切切存在过，它差点杀死一个少女对爱与世界的信任。不是伤害磨炼了心志，而是因为心坚志定，所以承受住了伤害。

小叔说：如果人有顺境可走，谁愿意逆水行舟？

惊涛骇浪、暗礁流石，都是因为闯过去了，那海阔天空才显得格外珍重。

如果说困境有什么值得感谢的，大概就是衬托吧。衬托了自己的坚持，也让人懂得珍惜。所以，不如谢谢你自己。谢谢那个坚持的自己，拼命的自己，在伤害里不放弃的自己。

如果没有当年的你，就没有现在的你。

灵魂若无平等交流，感情也会无处将息。你被谁消费，消费得起谁，绕了一大圈儿还得靠自己的实力。

有一天你将破蛹而出，成长得比人们期待的还要美丽，但这个过程会很痛，会很辛苦，有时候还会觉得灰心。面对着汹涌而来的现实觉得自己渺小无力。但这，也是生命的一部分。做好现在你能做的，然后，一切都会好的。我们都将孤独地长大，不要害怕。

提升你的价值才能更快的成长

昨天在青岛线下参加了一次活动，活动的内容丰富多彩，让我意义最为深刻的一个桥段是：主讲人对于"意义感"的讲解。

意义感是什么？

如果百度的话，解释过于宏大，以一种接地气的方式解释就是：给你做的某一件事情赋予一个重要的意义吧，这样能够让你清晰明白你做这件事情背后可能隐藏着的某种重要意义，从而让你主动前进，主动作为，能够在人生的赛道上加速成长。

1

我们每一个人，尤其是目前的90后以及00后，差不多都是处于大学阶段或者刚毕业没几年的新人职场阶段。

拼命地想挣脱束缚的围栏，冲进自己"梦寐以求的世界"，从此"开始一种全新的特立独行的生活"，这就是大部分年轻人（这部分年轻人往往或许还拥有很多的梦想）所处的一种当下的状态。

急于成功，急于成长，希望用短短的时间来获取想要的一切。但一切的成长，尤其是你要快速成长，那么就必须得舍得付出"代价"。

2

什么"代价"呢？

第一个当然就是"舍得花钱"。

经常关注我文章的读者应该知道，我的一个写作主题就是关于理财的。

对于理财这个领域，在人群中往往会出现两个极端的看法：一个就是认为理财就是买理财产品；另一个就是认为理财就是"省钱"。

理财的领域其实是一个非常精细的领域，如果有读者感兴趣的话，可以去翻看下我之前的文章。但是我们可以从理财中抽出一个理念，那就是"如何更好地花钱？"。

我们经常会在一些网站上看到关于类似于"为什么越花钱越有钱，越富有"之类的文章，这些文章的一个核心的重点就在于：那些越花钱越有钱的人将钱花在哪里？答案基本上都是可以帮助你可持续性成长的地方，比如投资自己。

如果你想快速成长，你就得舍得"为自己的成长花钱"。然而大部分的人往往对于这种想法不太重视，即使重视了，也不是很"爽快"地能够花出相应的钱。

比如一个月花几百买书，花几百参加一个自我提升的班级，甚至花上千进入一个可以跟牛人接触的收费群，然而，大部分的人的内心其实更愿意寻找免费的或者看似价格低的，但这一切往往不仅不会加速你的成长，反而会阻碍你的进步，让你失去了更多的东西，例如你的时间，你的注意力。

3

那么第二个代价是什么呢？

那就是"你的时间"。

每个人看似一天都只有24小时，1440分钟，但在实际的情况是，对于那些更加优秀，更加懂得珍惜自己的时间，懂得时间管理的人来说，他们每天的时间其实是远远超出了24小时的，尤其是他们的时间价值。

大部分的人往往不重视自己的时间，其根本的原因就在于"他们的时间价值太低，低到他们认为节约下来的时间并不会对他们的日常生活或者工作有什么大的改变"。

然而，越是这样理解思考，自己就越陷入这种恶性循环中，就越不珍惜时间，不管理时间，将自己宝贵的时间都花在了一些不会对自身成长有帮助甚至阻碍你成长的地方上。

如果你醒悟到了这一点，那就先从提升你的时间价值开始吧。当你觉得花一个小时看书能够带给你的价值要比游戏一个小时的大的时候，改变就在发生着，如此良性地循环，如此地坚持下去，当你某天突然发现，当下你的一小时可以产生的收益要远大于之前一个小时的收益时，"珍惜自己的时间"这个命题对于你来说就会是一个真命题，而不再是一个伪命题了。

4

"学会思考"应该是第三个需要付出的代价。

人类之所以拥有了一个大脑，才能立于万物之首，当然，我们每一个人都有一个独特的大脑，才能够让我们在芸芸众生之中凸显出来。

但是，对于大脑的使用上，其实大部分的人是欠缺的（当然也包括我了），我们往往不太喜欢进行独立性地思考，总喜欢捡现成的，捡别人的，这种思考方式往往就会让自身不够积极，不够主动，久而久之就变得懒得思考或者疲于思考。

思考的过程其实就是一个自身进化的过程。人类之所以能够不断地进步，就在于不断地思考。如果你想在自身的成长上加速度，那么你的思考就得加速度。

如何加速度呢？那就是多思考一些能够让你感受到重要意义的事情。

比如在做某一件事情之前，思考这件事情可以带给你的意义，尤其是你不愿意做的事情，多给这件事情赋予一个重要的意义；

比如多思考你做这件事行为背后的意义，想清楚你为什么能够那么主动地做或者那么懈怠，思考其中的逻辑过程，不断地强化它，清晰化它，捋清一件件事情的内在逻辑。

人的大脑就如一个机器，多用才能转得快，才能为你的成长加速度。

5

所谓"一分耕耘一分收获"，我总是认为只要你有所付出，就一定会有所回报，只是你不知道回报是以一种什么形式在什么情况下会回馈给你，这就需要自身不断地提升自己的思考力。

但为了能够更好地成长，尤其是快速地成长，我们必须不断地纠正自己前进的方向，尤其是寻找影响成长的关键性因素，金钱、时间以及思考是决定你快速成长三个比较重要的因素，找准这些因素的内在联系，其实就是一点：那就是如果你想快速成长，那么你就必须让自己的自身价值快速提升，当你的价值不断地提升时，自然你的速度就比一般人快，也就有机会实现弯道超车，获得一定的成功了。

一件事你期望太高你就输了，一份情你付出太多你就累了，一个人你等的久了你就痛了。记住，生活中没有过不去的难关，生命中也没有离不开的人。如果你不被珍惜，不再重要，学会华丽的转身。你可以哭泣，可以心疼，但不能绝望。今天的泪水，会是你明天的成长；今天的伤痕，会是你明天的坚强。

你也不要畏惧失去任何人，人之所以痛苦，在于追求错误的东西。你什么时候放下，什么时候就没有烦恼。努力奋进，做最好的自己，做个内心强大的人，豁达地面对人生的聚散离合。

想要告别弱者称号，只能自身强大

男朋友出轨了，你深受打击却放任自己暴饮暴食；被上司训了，你满心愤懑却只会整天抱怨；被同事穿了小鞋，你骂天骂地却一次次忍受……这样的你，欺负你的人应该会很开心很得意，你，还要继续这样下去吗？

好友今天和我说，他失业了。因为新来了一个运营副总，代替了他的位置。

我和他说，这很正常，因为他比你强。当你不够强，还是个弱者的时候，在利益博弈的职场，被牺牲和伤害的就总是你。

而面对这些牺牲和伤害时，最狠的报复是让自己不断强大。

我刚开始第一份工作的时候，同职位有一个比我先进去三个月的女孩君君。因为进公司的时间差不多，当时大家也都没什么经验，所以谁的进步快谁的进步慢一目了然。

我是一个特别爱思考和总结的人。工作了三个月后，我发现不同类型的文章都有一定的套路。那时因为公司有大量的案例，我每天完成当天的工作后，就是开始将所有类似的案例进行总结。

当时的资料大概有几千份吧，我不厌其烦地将它们一个个手打出来到电脑里，分门别类地进行汇总整理，当这项工作完成后，我也基本完成了我进入这个行业的第一个原始积累。

我的作品在那时已经很是像模像样了，得到了领导和同事的青睐，其他部门的同事需要文章的时候，已经开始指明要我来写了。

而这，引起了君君的不满。

有一次，总监安排我们写一个项目的文章，两个方向每人一篇，因为没有具体规定由谁来写哪个方向。于是我主动同君君商量我写方向A，她写方向B。

她当时很生气地对我说："我的工作我知道该怎么做，我不需要你来告诉我写哪篇。"我当时笑了笑说："没关系，要不你来安排咱俩的工作好了。"

我将整理好的资料都分享给了君君一份，其实当时我也有一丝犹豫，因为我想着她对我的态度这般恶劣，我大可不必将自己辛苦总结的成果分享给她。但我还是给她了，因为我知道这份资料对提升她现阶段的能力很有帮助。

还有一个我不计较她态度的原因，是我根本就不在意她的情绪，在这场博弈中，她根本就没有伤害到我的能力。

我的第二份工作，是由三线城市进入到二线省会城市，在这里，我遇到了很多比我更强的人，我的能力也受到了更大的挑战。

这是一家老牌的广告公司，在行业内颇具名气，我原来的工作积累马上就显得捉襟见肘了。虽然工作处于边做边学的状态，也还是做出了一些成绩，但这被一些很爱表现的同事轻易拿去邀功了，而我又很骄傲，觉得如果为这样的事情撕逼，未免太掉价。很快三个月试用期过了，我未能转正。

这大大伤害到了我。但我又有一股狠劲，是不肯这么认输的。我那时已经将公司的书籍翻阅了四分之一了，因工作经验确有不足，我每天都会提前一个小时到公司学习，周六日也会将公司里的书籍拿回家翻看。

这样又过了三个月，公司数十年操盘的案例，我已逐一研究了一遍，这时恰好我又接了新的项目，工作崭露头角，升职加薪也顺理成章。其实那时因为工作能力的增长，我已经收到更有名气公司的橄榄枝了，所以转不转正这件事情，已经不可能再伤害到我了。

这个社会就是这样现实，眼泪、同情和安慰都帮不了你，有什么用啊，三分钟的热度而已。

你得先让自己成为强者，才能获得尊重，不然你就是被伤害的那一个。

因为对工作的热爱和执着，我顺利进入到了业内名气最大的广告公司，带着憧憬，带着期待。然而，在这里，我又一次受到了考验。

和我共事的，是一个40岁的老员工杨叔，他很勤奋，也很拼命，但在专业上面实在是资质平平。我常常觉得如果他从事策略或者公关，应该早就成功了。

我曾经看过一篇文章，写那些在职场40岁还从事着基层工作的人的状态，他们因为没有过人的才能，升值无望，又经过了几十年的职场洗礼，形成了一套实用的职场生存法则，成为各个公司里老油条型的人物，而这位杨叔，将它展示得淋漓尽致。

我和他的共事，在前三个月还是蜜月期，但当我通过试用期，受到全体同事的夸奖和称赞后，和他的共事变得越来越艰难。

那时他常常让我写一篇文章，然后又将文章打散，重组，自己再加几句话，然后就变成他的了。如果客户夸奖了我的文章，他就会说因为客户是个女的，所以女人才会喜欢女人写的东西。如果我的工作完成得让所有人惊艳，他马上会说，你是抄的吧，用这一句话，就否定了我所有的成绩。更甚者，他和我说："我派人去调查你原来的工作情况了，你好自为之。"

我对此是十分无语的，我刚进入公司的时候你就已经调查过我的工作情况了，共事半年后，你又派人去调查？至此我对他已经是非常的失望了，连辩解都不想说了。

有一些人的出现，就是来给我们开眼的，就像这位40岁的大叔。不管你多真诚，遇到怀疑你的人，你就是谎言。不管你多单纯，遇到复杂的人，你就是有心计。不管你有多么天真，遇到现实的人，你就是笑话。不管你有多么专业，遇到不懂你的人，你就是空白。

在当时，他的行为是伤害到我了的，但我又是一个很阿Q的人，我记得那时看过一句话，说妒忌本身就是一种仰望，就是最大的赞美，我就当你是妒忌我好了。很快我的工作又有了新的突破，遇到了更优秀的同事。

到我成长到更高阶段时，这位大叔已经丝毫不能再影响到我的情绪，伤害到我了。我们一定要将自己修炼的很强大，无论是工作还是心理，当我一次次拿作品说话时，不过是让他的种种行为变成了笑话。

有一个这样的理论，在这个世界上，大部分人做事都是做到90分的，当你想要把事情做到更好更高，那么在做到90-95分区间的时候，你会遇到最多的质疑和否定的声音，如果你选择停留在这个区间，你受到伤害的概率是最大的。

但如果你咬着牙，将工作从95分做到100分，这时候，你会发现原来那些反对的声音都会变成赞赏。人的天性会对稍优秀于自己的人报以敌意，但当你做到100分时，这时的敌意会变成一种由衷的欣赏，因为他们知道自己做不到。

当我可以将事情做到100分的时候，我发现能够伤害到我的事情越来越少了。一方面是我的能力已经强大到足够抵御各种各样的伤害，另一方面是当你做到100分时，你会遇到更多100分的人，而越是进化到更高级的人类，越是更倾向于公平、正直和善良，只要你愿意与优秀者翩跹起舞，就会发现，自己时时刻刻处在聚光灯下。

而如果你陷入在90分这个容易被伤害的区间时，你会开始怀疑自己，怀疑社会，怀疑人生。

当你认为社会上已无真情的时候，无数人正在被真情温暖，只不过不包括你；

当你认为武林精英断绝的时候，各路英雄豪杰正汇聚侠客岛巅峰对决，只不过没有你的那碗腊八粥；

当你以最龌龊揣测这个世界以最乏味的状态运行的时候，在一个你不曾有机会领略的舞台上，一群风华正茂的佼佼者正大放异彩，高歌猛进，只不过这演出没有你的门票。

你一定要咬着牙，即使含着热泪，也要坚持前行到100分，只要你进入到100分区间，你就会成为这个世界的主角，你的人生就会成为一座快乐的舞台。

现在每当人生又抛给我一个新的伤害考验时，我都会摆好迎战的架势，"来啊，互相伤害啊，谁怕谁啊"。

也许第一次你会伤害到我，但我绝不会给你第二次伤害我的机会。就像尼采说的：

凡是不能杀死我的，都会令我更强。

少熬夜，别拿自己的身体跟时间作斗争，少用情，并不是每件事，都能被爱感动，在每一次退让之前，都记得自己的底线，有人欺负你，保留还击的能力，再学会变得更强大。可以变成自己讨厌的大人，但不可以丢掉天真，与世界交手这么多年，不要最后让它抱拳对你说承让了。

你越强，能够伤害到你的就越少。面对伤害，最狠的报复是让自己变强大！

敢于承认自己，比如你没钱就是没钱，丑就是丑，成绩差就是差。但是，不要怪别人比你有钱，不要嫉妒别人比你长得好看，不要恨别人不努力成绩也比你好。努力拼搏是为了填补自己的不足，不然你只能活在嫉妒和怨恨之中，因为你怎么做，总有人比你好。有一天你能自然微笑着面对这些时，你一定过得比别人好。

正因为一无所有，你才更无惧地向前

刚来北京时，父亲告诉我：二十多岁穷，是理所当然的事情，毕竟你没钱没势，好在你还年轻，能吃苦，这是你最大的资本。

当时我还不能理解这句话，随着长大，我慢慢地理解了：

二十多岁最大的资本就是年轻，因为年轻，你可以吃的了常人不能吃的苦，因为年轻，你可以扛得住一天只睡几个小时的煎熬，因为年轻，你可以有未来和希望。

因为一无所有，所可以义无反顾；因为一无所有，所以你可以不怕失去。

我身边第一个二十多岁就经济独立的人叫小苏，他是个外地来北京打拼的男生，大学毕业，去了一家外企，月薪也就四千，他不痛不痒的在这所城市过着，吃的不算好，住的也很一般，他和我们一样，在人群中，不会被认出来。

直到有一天，单位需要一个人出差，去南非的一个小国。

长时间国外国内飞，条件艰苦，缺水易病，好在工资高。

他二话不说，几天后，收拾行囊出发了。临走前，他告诉我，单位几乎没人愿意去，大家都有老婆孩子的，谁愿意受这苦。

我问，那你为什么去啊？

他说，我这一无所有的，又这么年轻，我怕什么苦啊。

后来，他在南非待了两年，回来后黑了不少，我们笑他入乡随俗，连肤色都变了。

他笑得有点苦，后来告诉我们，到南非的第一个月就染上了疟疾，发高烧，顶着高烧去送材料，生怕自己死在异国他乡；后来又在大使馆的门口遭到了抢劫，钱包里的钱都被抢走了。

他说那话的时候在笑，我们知道，因为都过去了，后面的日子，能好很多，那笑，是安心的。

因为那段经历，他在单位升职很快，在南非存的钱，也让他迅速度过了生存期，现在他的日子容易了多，变成了公司的骨干成员，一个月的工资少说也有一万多。

有时候我见到他，还会想起他走的那句话：我那么年轻，怕什么苦啊。

后来我又遇到几个从一无所有开始打拼，却在20多岁解决了生存期的人，他们有一个共性：能吃苦，而且学习能力强。

我的另一个朋友小芳现在是一家公司的总监，二十多岁，解决了生存期，我认识她许多年，她给我最大的感触，就是她的学习能力强。

大学毕业后，她在一家公司做销售，父母让她回家，说买东西是一个女孩子该干的吗？她愤愤不平，当年拿了销售部第一名的成绩，所有人以她是天才，只有她自己知道，在家里看了多少本书，请教过多少牛人。

后来她跳槽又去了这家公司，她的成长速度很快，两年，就干到了总监。

从那时起，她的父母再也没有催她回家。

我一开始以为她聪明，后来她给我讲了一件事，我就再也不这么认为了。

她说：做营销时有一次去见一个大客户，那人刚从飞机下来，时间紧迫，他说只有一路的时间跟我见面，她就去机场接他，帮他叫车，在路上的时候他同意买她的产品，她问他为什么。

他说，因为你感动我了。

我才明白，这世界上没有毫无理由的横空出世，所有看起来光鲜亮丽的外表后，谁知道背后求了多少人，吃了多少苦。

所有体面站起来的人，谁知道背后跪过多少次。

不过，好在我们还年轻，年轻，就是拿来跌打和奋斗的，就是拿来逆袭的，要不然，要着青春有什么用。

我想起几年前刚当英语老师的日子，我整个人是麻木的，之所以麻木，是因为时常累到骨髓里。

只记得那段时间，排课组问我们排课要求，我不挑任何地方，不挑课程种类，只要有机会，我就死死地咬着不放手。

哪怕是一天十个小时的vip，哪怕是需要起得很早很早。要知道对一个老师来说，vip是最耗费时间和精力的。

我从未挑过课，有一次甚至从北京的北五环赶到南六环，到了教室后，已经是满脸的土，我拍拍头发，走进课堂。

后来和我一起入职的几个老师在第二年就纷纷地离职或者没有了课，而我开始和老教师搭班。

每次休息，我就趁机向他们请教，有时候偷偷地跑到他们班上偷听他们讲课，一年后，我成了骨干老师，打分一直很高，课也多了起来，我成了我们那一批第一个来到北京很快解决了生存期的人。

后来我的同事跟我聊天，说：你那时上课就像个疯子一样，没命的上，我们都以为你缺钱缺疯了。

我说，主要那段时间什么也不会，年纪轻轻的什么也没有，就只剩能吃苦了。不过要是没有那段时间疯狂的上，现在嘴皮子也不会这么溜啊。

的确，那段吃苦的日子，是我能给青春最好的礼物，因为年轻，因为吃的了苦，所以才有了不一样的自己。

　　所以，二十多岁到底怎么度过生存期。

　　答案是你要学会不怕苦，更要学会不停地学习。

　　当然你也可以认为这是鸡汤，的确，对于没有经历过的人来说，什么都是鸡汤。

　　许多人总觉得自己不怕吃苦，喜欢吃苦，其实不是，我们每个人都怕吃苦，而且都不愿意吃苦，吃苦不可怕，重要的是在吃苦的过程中反思学习，现在的苦，是为了以后不那么苦。

　　这个世界，留给年轻人的机会本身就不多，你不能指望刚进一家公司，就享受着月薪上万，却什么也不做的待遇，就算有这样的机会，也不一定落在你的头上。

　　大多数的体面，都是通过狭小的地道，一点点地爬出来的。那些路本身没有光，坚持往前走，看到洞口的刹那，总能看到。

　　我们终会明白，为了看到光，一切都是值得的。

　　斗过，拼过，尝过人生的许多艰辛。走过，经过，有过生活的好多酸心。人生路上我们孜孜不倦，尽力拼搏，生活途中勤勤恳恳，努力追寻。只是梦依旧，事依然，辉煌没有铺满心中，甜蜜没有占满胸中。也许人生就是这样，生活既有温馨，也有酸痛。但不管怎样，我们无愧于岁月，无愧于自己的人生。

CHAPTER

03

当你觉得委屈

你该长大了

你或许很辛苦，跌跌撞撞一身伤，在状态里写下委屈抱怨，也许会有人安慰你，但不会感同身受，这个世界就是这样，只能看到胜利者的汗，却看不到失败者的泪。你要明白，不是只有你一人在忙碌，大家都各怀心事默默付出。这点伤真的不算什么，苦当作礼物，永远在路上，才是一生不改的风景。

不要被看似委屈的生活给打败了

用委屈撑开的长大——写给那些怀揣玻璃心的岁月。

少年时代意气风发，做人说话难免都气盛，接纳现实，承认失败，从天上落到地上，这是一个特别痛苦的过程。

有人用了很短的时间，有人却用了很久……

比如我。

如果说去南方人生地不熟是我的一个决定的话，我得说这个决定并不冒失。

我大学毕业之前就想着，我要走得远一点才行，一来是不给自己想家的机会，二来是断了后路，你才能安下心来。

那时候北京是我最后的退路，我从一开始就很怕来北京，因为北京离家很近，几个小时的车程，万一我受挫了、被骗了，我边哭边坐车回家，估计泪痕还没干就到家了。

我觉得这不行，你开始不对自己狠一点，后面一定会有更让你哭的事儿等着你。

这点，我始终都这么想。

所谓坚强，其实就是你熬过了最难的事儿，那么以后你就会安慰自己说，再难也不会比那时候更差了。

经历过最差的低谷，你才有了承受能力，然后爬坡、向上，都只是一个时间的过程而已。

去南方之后第一个决定就是不同意当时面试的那家学校的霸王条款，这件事的代价就是之后一个月里找到不了工作。

幸运不会天天都降临，煎熬、被否定、苦闷，甚至金钱上的压力、迷茫，都是随之而来的连锁反应。

阴差阳错获得的入职机总会有一种否极泰来的狂喜，而第一份工作遭遇到的吃不了的苦，一个月只有两天带薪假，还被建议最好不要休息，每天早中晚三班，从上午九点到晚上十点的上班安排，做的不是自己喜欢的设计，而是自己最不擅长的成本预算，整天在各种数字里算来算去，这种看不到希望的坚持，总会让人分分钟想逃离。

当时最大的想法就是：离开这个人生地不熟的地方，离开这个自己不喜欢的职业，哪怕代价大一点都没关系……

北方公司的面试通知带来的是离家近、对家的想念、自己喜欢的岗位、做设计的满足，这个通知宛如天堂来信一般满足了所有的许愿，这种盲目欣喜让我忽视了工资少了快一半的差距，还自我催眠说只要是自己喜欢的，哪怕钱少都可以啊！就这样兴冲冲回家了……

带着南方几个月的所谓经历，以及唯一存下的一点车票钱。

其实那时候是没有任何的长进。

回来受到的第一次打击就是公司并不如我想象的大，家族企业注定了没太多的发展空间，同事之间算是和平相处，睡在公司阁楼的地板上，依旧周六周日无休，每月两天带薪假。

好在因为经历过，所以更能熬得住。

一个月后调往总部，最大的感觉就是人多嘴杂，办公室斗争严重，裙带关系复杂。

住的条件艰苦，专业经验不足，人情交往不到位，被否定、没有自信、严重焦虑，不知道自己的未来在哪里，甚至一度都找不到向上的动力。

所以现在有的时候我很理解那些给我写信的小朋友的心情，是因为我当年也是从这样的迷茫中熬过来，那时候非常希望有个人陪我说说话，哪怕是骂我、说我没用都好。

那份迷茫期真的非常难熬。

之后遭遇的打击就是发现自己的工资真的很少，以前你觉得为了理想，钱不是问题，后来你才知道，不论啥时候，钱都是个问题。

当烧锅炉的老大爷笑着说，啊？你一个月才八百，我一个月还六百呢！咱俩也差不多嘛！

那个时候留在心底的不仅仅是失败，还有更大的是自我厌恶……

之后最大的打击来了……

那是我刚搬到设计室住的时候，虽然那暖气充足，但是要早早起来，以防止别的同事来设计室自己还没起床，那会很尴尬。

起早之后洗漱完毕食堂的饭菜都还没有好，我就利用这段时间去跑步锻炼，这本来也是个无心的动作，却被公司的总经理看在眼里。

公司的总经理是董事长爱人的姐姐，也是当初她把我招聘进来的。

某一天她一早找我，说有点事儿交代我办，我当时还猜想是不是看我最近很努力，设计稿也被老板频频看中要给我提前转正加点工资。

所有的美梦都是用来被打碎的，异想天开最适合的就是冷水兜头。

总经理用一副长辈关爱的眼神看着我说，听说你最近每天都起来跑步？

我点点头说，嗯，最近因为搬到设计室去住了，所以早点起来，别耽误大家工作，另外一方面觉得冬天了多运动一下，省得感冒。

那么我有个事儿可能要拜托你一下。

啥事儿？您直说就可以。

"咱们公司烧锅炉的那个老大爷最近因为快过年了所以提早回家了，现在锅炉都是老张帮忙照看。"老张是我们老板的司机，平日里还帮着处理一些送货之类的杂事儿。

"我看你这孩子也勤快，最近起得又早，本来烧锅炉的老头每天早晨还负责给咱楼下的自行车摆好了，咱工厂女工多几百口子人，人人都不自觉，弄得那车棚特别乱，你看你现在反正早晨也没事儿，你就帮着摆一下自行车，等年后烧锅炉的老头回来再替你。"总经理一副慈眉善目的表情说着这事儿，我听的第一反应就是屈辱。

你会有那种感觉么？尤其是在才毕业刚刚工作的前期，你总会觉得为什么这个世界上会有那么多"不公平"！

前阶段有个网友给我写信，说她进公司之后发现自己没有工位，被安排到打印机旁边，和一堆废纸坐在一起，她觉得自己好像低人一等。

我说我特别理解那种感受……

有时候正是因为我们知道自己是新人，自己什么都没有，所以才会更渴望遇到一个积极向上的领导，一个和谐温暖的环境，一份维持温饱的工作，一个相对公平的待遇。

我们总是觉得自己要的并不多，而生活却总是一次又一次地告诉你，其实你索要的这些都是奢望。

正是因为什么都没有，所以才更怕被人看不起。

我忘记了我当时是以什么样的表情去点的头。

我这人个性很懦弱，尤其是当时又没什么自信，我不敢去顶撞领导说，我不做这个。

但是真的去做的时候，你又觉得厌恶的不行。

我是全公司唯一的一个本科学历，其他的两个设计师一个是专科毕业，一个是成人自考的学历。工人们都觉得我们做设计的很神秘，整天不用干活，只是画几笔就可以获得认可，现在被使唤得和劳力没什么区别。我内心里那唯一一点小小的骄傲，终究在这个命令前变成了齑粉。

我记得我第二天下楼的时候，有的职工骑着自行车来，看到我在码自行车都很诧异地问我，开始的时候我还解释，渐渐地就索性说，唉！领导让干啥咱就干啥呗，还好没让我去烧锅炉呢！

我就是在那个时候决定了，我要离开这儿，等到一个合适的机会我一定会走！因为这里不尊重我。

新人在怀揣玻璃心的时代，总会强调一个词儿就是"尊重"，其实那些是当你面向社会的时候留给自己的最后一小块遮羞布，而生活往往会展现它最残酷的一面，将它彻底撕掉。

你终究要学会坦然赤裸地活着。

放弃自尊也好，委屈妥协也罢，这其实并不是所谓的打击，而只是一种磨炼。

因为你要面对的是残酷生活的本身。

它，就是这样，你不让自己强大，你就没办法在这个尔虞我诈、竞争惨烈、残酷和温情并存的世界里生活。

扛得住原来你接受不了的，这就是长大。

后来我在广告公司也遇到过一个实习生有类似的情况，因为她辈分最小经验最少，所以大家加班的时候很喜欢让她去订餐，直到有一次她忽然一脸阴郁眼含泪水地反抗说，我不做！我是来实习的，不是来给你们买盒饭的！！凭什么让我做？我不做。

瞬间大家都很尴尬，几个同事都诧异地看着她，后来其中一个同事哈哈干笑了一下说，来来来！今天我请客，大家想吃什么告诉我，我去买……

第二天，那个实习生没来上班。她决定放弃这里，不再来了。

很多前辈也许会说，订个饭而已嘛！又不是大家要你请客，而且你还可以借机了解一下每个人的口味，举手之劳嘛！这不是挺好，这就是新人太矫情了。

我自己因为有过早年这种"屈辱"的经历，所以我深深地理解她的心理活动，但是又觉得她失去这个机会有点可惜……

每个人都希望在职场之初能受到善待，被人肯定、被人夸奖、被人教导，但是总会有被骂、被责罚、甚至被冤枉的时候，那些就是生活这个残酷的家伙，拿着小锤一点一点敲打着你的心，你总要把你最脆弱的部分打掉，才能逐渐学会坚强面对。

有的人很倒霉，他们遇到的是一记重击，之后玻璃心破得粉碎，所以恢复的时间也无比漫长。

有的人很幸运，他们获得的小敲击和赞美是并重的，所以他们往往是边被鼓励，边拔出那些伤害的碎片。

你总要给自己一个摔碎再复原的一个过程。

也许夸奖会让你自信和肯定，但是你所有的提高和转变大多都是伴随着失败和屈辱。

心胸是被委屈撑大的，长大的这条路，委屈是必不可少的调味料。

我在摆自行车的那段日子里，曾无数次的嘟囔着，自言自语地说，你觉得你们让一个大学生摆自行车这样合适么？你们就是这样尊重人才的吗？

其实，尊重不是别人给的，是你自己挣来的。

那些尊重不是你身背后的学历、家长、关系，是你在这里的获得和成绩。

人才是需要价值来体现的，在你还没显示自己价值的时候，你其实就只是一个摆自行车的、订盒饭的，你希望被人重视，那就用行动好好去做！如果你眼下需要这个平台或者看重这个平台，那你只能从最基本的贴票据、订盒饭、买咖啡开始做起……

这些也许你觉得是屈辱，也许你觉得是不尊重，但是如果这些你忍不了，后面更残酷的人生，你要拿什么来面对呢？

你只能敲碎玻璃心，让自己换个角度去想，熬到那个能体现你实力的机会，等到有一天大家发现你不但可以订盒饭还可以提出新的点子、做出完美的执行、拥有一套ppt美化的法宝，你才能因此被人肯定和需要。

没人能给你鼓励，你能依赖的也只有自己。

用不服输的态度去生活，用委屈撑开长大。

伤心和委屈的时候，可以放声大哭，但是哭完后记得洗把脸，然后拍拍自己的脸，挤出一个微笑给自己看。告诉自己，哭完了，就该忘掉，然后重新开始。记得，每天的阳光都是新的。

不摔一跤，不知谁会扶你；不摊一事，不知谁会帮你；不病一场，不知谁最疼你。下雨了，才知道谁会给你送伞；遇事了，才知道谁会对你真心。珍惜该珍惜的人，做自己该做的事，别在乎其他太多。

成长的意义之一在于你懂得了珍惜

有时候，让我们成长的并不是年岁

闺蜜橙橙最近在群里很少吭声，因为她爸爸病重。连续两个月，她每天都在公司跟医院之间奔波。有一天她说，她爸爸是我们几个闺蜜的爸爸当中年纪最长的，所以她也最先跟照顾亲属这一关打了遭遇战。她最大的感触就是，先用医学知识把自己武装起来，才能把父母当成婴幼儿一样细心去看管和照料。

因为爸爸的一场病，橙橙从一个文艺女青年变成了一个半专业的护士。我从来不曾想到，大大咧咧的她，仿佛一夜之间竟变得心细如发。更重要的是，她让我思考，是什么在催促我们成长，除了年龄的增长？

二三十岁的我们，青涩和稚嫩正渐渐褪去。虽然还说不上成熟老练，但比起十七八岁的孩子，我们已经经历了一些岁月打磨；或许，还要每天挤地铁、睡在出租屋，但至少我们见过了生活的本来面目，并且开始直面它的挑战；或许，先进者已经小有所成，三十而立真就立了起来，成了单位的骨干，能够决定自己的职业发展方向。可是，是不是有一种成长在梦想和职业的光环下，被我们忽略了呢？

中考那年，考完没几天，我妈就住院了。原来，妈妈已经检查出胆囊息肉多时，为了不影响我考试，硬是拖到中考结束才安排胆囊切除手术。后来，妈妈总是开玩笑说，"你不要给我整那么多幺蛾子出来，妈妈是个没有胆的人了。"

那时候，我的确年少懵懂，容易慌乱，也还不能完全体会妈妈对病情的拖延需要忍受多大的痛苦。但我想，你们一定也和我一样，在人生的每个重要关头，都有父母的爱庇护着，让我们始终能健康而优秀的成长。

大学毕业后，我回到家乡，在一家世界五百强企业工作，光鲜又体面。我知道，我已经成长为了父母的骄傲。我在父母的眼皮底下早出晚归，他们会不厌其烦每天一问是否回家吃饭，而我从来不会在晚饭时问一句"你们今天都做了啥。"

有一天，妈妈悄悄告诉我，其实这几天爸爸都在医院做检查，已经办理了住院手续，准备做一个小手术。顿时我就呆住了，爸爸生病了，我却不知道；爸爸要住院做手术了，我居然不知道！我做的也不是什么少了我一人公司就停止运转的工作，但父母总是认为最好不要影响我，生病了自己扛，默默地自己去看病。

这些已经是住院动手术的病，而平时他们咳嗽感冒，我做的也不过就是动动嘴皮子催促他们去看医生，印象中竟没有亲自陪伴他们去过一次医院。而我的每一次咳嗽，喉咙略微有点沙哑，妈妈就紧张得不得了，依然像小时候一样带我去看医生，监督我吃药。每当那个时候，我都觉得自己依然没有长大，就跟十多年前中考那会儿一样。

默默地生病，不告诉子女自己的不适，甚至住院都不告诉孩子，这真的是父母可以做出的事情。可是，我们——会细心咀嚼老板的每一句话，会认真揣摩同事的每一个表情，会刻意留心客户的每一个手势，却常常忽略了一直默默为我们付出的父母，其实越来越需要我们。

前些天看到一条短信，言语很简单却很打动人："从小觉得最厉害的人就是妈妈，不怕黑，什么都知道，做好吃的饭，把生活打理得井井有条，哭着不知道怎么办时只好找她。可我们好像忘了这个被我们依靠的人也曾是个小姑娘，怕黑也掉眼泪，笨手笨脚会被扎到手。最美的姑娘，是什么让你变得这么强大呢？是岁月，更是爱。"

爸爸曾经说过，不要等什么都准备好了才去做一件事情。深以为然！爸爸妈妈也曾经是愣头愣脑的小年轻，没有育儿的经验，是因为我，他们才成长为山、为海；他们并没有等自己修炼成山、成海，才迎接我的到来。

我不舒服了，找妈妈；想吃好吃的了，找妈妈；找不到东西了，找妈妈……妈妈是万能的，妈妈是最厉害的。

无论我走多远，妈妈总在我身后，在我需要的地方。可是有一天回过头来，却突然发现：万能的妈妈有一天穿了室内的拖鞋出门，买完东西钱包放在柜台上忘记拿，对她自己说过的话矢口否认。我意识到，妈妈不是赖皮，不是粗线条，而是真的到了记忆力慢慢退化的年纪。这时候，我得把她慢慢丢失的记忆接过来，在她找不到医保卡的时候帮她找出来，在她忘记怎么操作"复杂"的智能手机时不厌其烦地告诉她路径，就像小时候她不厌其烦地教我"三下五除二"怎么拨算盘珠子一样。

然后，我也开始学一些老年人常见病的预防知识、急救常识，就如我从新生儿开始，爸爸妈妈就努力学习的那些婴儿常见问题解答ABC一样。

有个同事曾经讲过他母亲生病在家突然晕倒，他没做多想，抱起就往楼下冲。过后，他非常后怕地说，"太缺乏常识了，如果我妈是脑出血，而我用那样的处理方式，那我就害了我妈了！"

有时候我也在想，上知天文下晓地理又有什么用？当自己的父母有不适却做不出正确的第一处理决定，我得有多无知、多懊悔。

是的，我们如此渴望自己能够成长为一个有责任、有担当的人。可是，为什么我们都忽略了，要想顺利通过成长这场考试，我们是如此需要补上爱这一课，我们必须学会爱父母，爱身边的人。

我们应该都有过同样的经历吧，每次学习或者工作压力太大，爸爸妈妈总是会说，别太劳累，爱惜身体才是最重要的事。

可是，我们都太在意事业上的成功了，却忽视了像父母爱我们一样地爱自己，忽视了像父母唠叨我们一样地叮嘱他们，忽视了父母正在变老，忽视了人生真正的成功是能给家人最好的陪伴和守护。

当有一天，我们终于学会了爱和付出，那才能算是真正完全的成长吧。

人生，不要被安逸所控制，决定成功的，是奋斗。人生，不要被他人所控制，决定命运的，是自己。没有过不去的坎，让自己跨越的姿势美一点。人生中，会发生什么都并不重要，重要的是你如何去应对它。世上没人能赎回过去，珍惜你的眼前，别等失去再追悔回不去的曾经。

可以迷茫，请不要虚度。迷茫彷徨的时刻，请停下来，想想下一步该怎么走？其实，健身和读书，是世界上成本最低的升值方式。最能让人感到快乐的事，莫过于经过一番努力后，所有东西正慢慢变成你想要的样子！

让孤独期变为升值期

一次假期后刚上班的第一天，我和雀子聊天。她说，我很不开心，感到前所未有的不安和孤独。我特别不喜欢这样的状态。

我问，你怎么啦，得了假期综合征了吗？

不是，老邓明天又要出海了，这次是太平洋航线，大约十个月的时间。她郁郁寡欢。

雀子是我的闺蜜，我俩可以分享各种小秘密。她是一个乐观、独立、果敢的姑娘。老邓是她的男朋友，理论上讲应该是未婚夫。老邓是一名海员，一年三百六十五天，差不多二百多天都漂在茫茫大海上。

去年夏天，老邓休了长假，说想休息一段时间，好好陪陪雀子。雀子开心了很多天。俩人在天气晴朗时去湖边晒太阳、钓鱼，然后喝野菊花冲的大杯水；手拉手看电影，去花卉市场买一盆一盆的绿萝、吊兰，摆在冬暖夏凉的阳台上；去超市买食材，做老邓喜欢吃的韭菜鸡蛋馅儿饼和栗子蛋挞……

老邓在的时候，雀子通常是不出来陪我喝茶聊天逛街的。她全心全意地陪着他。她习惯了他的存在，但是他又一次要离开了。人是群居动物，都会害怕突如其来的孤独。雀子说，等老邓走后，她要养一只小猫或小狗，陪着自己。

末了，雀子说，其实被留下来的人才是最孤独的，还要站在原地安静地等待。然后，硬生生地给我挤出了一枚笑容，那笑容像躲在寒冬雾霾里的那一抹朦胧的太阳。我突然很心疼眼前这个身形单薄的姑娘，是得有多大的勇气才可以一次又一次面对长久的别离，而且是连三天一通电话都没有保障的异国爱情。还要在等待的日子里，保持优雅向上的姿态。

有一个周末中午，我做了个梦，梦中妈妈在厨房做饭，妹妹在庭院里和爸爸聊着她期末考试的成绩，只听到有敲门的声音，妈妈喊我，墨儿，小王同志到了，赶紧起床吧。我寻索着浓浓的香甜味儿，在想我到底是该穿黑色的长裙子，还是穿米色的棉布衬衫和牛仔裤呢？然后就醒了。阳光穿过玻璃窗打在白色花朵的床单上，打在散落在床边的红色毛衣上。我呆呆地躺了好久，才恍然醒悟，哦，家里哪有人啊，在这个房子里，这个城市里，只有我自己。也许这就是孤独吧，突然惊醒的午后，发现身边连个说话的人都没有。

老实讲，每一年我最讨厌的，就是春节假期过完刚来上班的这段日子。因为我是一个长时间独处的人，除了上班时间，几乎都是一个人。但是一个人时，我会努力调整好自己的状态，我可以看电影、看书、写字、运动、画画……找各种事情去做。所以，孤独并不经常来我家串门儿。但春节假期打破了我的生活节奏，我每天跟家人、朋友在一起，热热闹闹的，不觉孤独。一到了上班时，我就开始感觉很失落，心里空荡荡的。

许久以来积攒的强大勇气，就像一只气球一样，经历了热闹喧哗的美丽时光后，砰的一声爆炸了。孤独无声无息地把我淹没，然后又需要吸气呼气，重新积攒力量去充满另一只气球。像我这种内向、慢热、不习惯用语言表达自己内心情感的人，往往需要躲在自己安全空间内调整几天，才能整理好心情再出发。

昨天在QQ上，雀子跟我讲，她找了一份兼职。她有一个朋友去了佛罗伦萨，半工半读，没时间照看网店，于是她接手帮忙打理网店。那是一家布艺窗帘的网站。

雀子说，店里有安装师傅，也有客服，她就负责平时主页面的更换、配色和设计排版。我说，你拍照技术很赞，但是网页设计你可以吗？她说，没关系，Photoshop我还能做，一直以来，只要与设计相关的元素我都非常感兴趣，所以我已经决定跟着视频学习Dreamweave和Flash，我想让自己的生活多一些乐趣和色彩。

上一次老邓出海后，雀子跟着大卫学习摄影，她聪明好学，心思细腻，常常捕捉一些感人心扉的镜头，后来还参加了公司举行的摄影展。

那次，她参赛的作品是《停留》，是她去海边写生拍下的照片。一望无际的大海与浅蓝的天空接连一片，海浪开心地拍打着沧桑的礁石，一枚红蓝条纹的小船系着岸边，小船静静地望着汹涌的大海，不知疲倦，船身上的漆脱落得斑斑驳驳。

照片获得了二等奖。从这张照片里，我读出了小船的孤独和雀子的思念。

上上次老邓出海后，雀子报了舞蹈班，跟着老师学习恰恰和拉丁舞。半年下来，瘦了五公斤。看着她纤细的腰身，我又一次咬牙切齿地下决心要减肥。期间，她还报了广告设计的成人选修课，熟悉掌握了PS和AI。并且从一家传媒公司的文员成功跳槽到一家上市房产公司做策划师，主要负责广告推广工作，年薪翻了两倍不止。

雀子说过，像我种不思进取的人，每次下决心改变自己时，总是在我最孤独的时候。我痛恨这种孤独的状态，孤独伴随着不安刺痛我的内心，所以就迫切地渴望通过自身的强大去改变这样的状态。老邓每一次出海后，没人陪我时，我就赶紧找点事情做，不至于太冷清。我想把自己的生活塞得满满当当的，这样每天都是多姿多彩的。

我是一个"懒癌晚期患者"，王先生陪着我时，我只需要每天上班，其他一切不用操心。我不学做菜，反正有人做；我不学开车，反正有人送；我不整理房间，反正有人整理；我不搬重物，反正有人来搬；我不缴物业、水费、电费，反正有人缴；我不去取快递，反正有人取……

可是，王先生在另一个城市工作，每年至少两百天的日子是属于我一个人的。

日子嘛，总是得自己过。所以，每当下班后自己又不愿意在外边随便吃点晚饭时，那就自己做点吧，自己最了解自己的胃嘛。吃完饭，也没人跟我聊天贫嘴时，就找些自己喜欢的书读读。人丑要多读书，人笨要多读书，人懒要多读书。那么，我又丑又笨又懒，更没有理由不多读书。

我还有个兴趣，就是写字。从去年五月份在网上写文字以来，陆续收到一些好评和喜欢，我很快乐。我发现写字是一件快乐的事情，继而发现孤独感渐渐远去了，独处也可以是一件快乐的事情。

今年是王先生去另一个城市工作的第三年。渐渐地，我发现我学会了自己做菜、自己养植物、自己开车去陌生的地方度假，学会了管理时间，也在逐步治疗自己的懒癌。这样想想，我也是有收获和成长的。

有人说陪伴是最好的礼物，可是我们这些没有礼物的人，也得学者自己送给自己礼物呀，我感谢每一段孤独的时光，感谢在这些时光中蹒跚的自己。

孤独，是给我们思考自己的时间，在一个人的日子里，我们要做的只有一件事，让自己变得更优秀。

健身和读书，是世界上成本最低的升值方式；而懒惰是索价极高的奢侈品，一旦到期清付，必定偿还不起。知识不够就静下心读书，肚子肉太多就好好健身，体胖还需勤跑步，人丑就该多读书。

这个世界已经有很多人和事会让你失望，而最不应该的，就是自己还令自己失望。请记住，社会很残酷，你要活得有温度！

生活有时的残酷，需要你独自去解读

没有人有耐心听你讲完自己的故事，因为每个人都有自己的话要说；没有人喜欢听你抱怨生活，因为每个人都有自己的苦痛；世人多半寂寞，这世界愿意倾听，习惯沉默的人，难得几个。人一切的痛苦，本质上都是对自己的无能的愤怒。

——王小波

从小信奉"人生得一知己足矣"，真正的朋友不多，深交的几个，手指头也掰的过来。

他们都见过我不为人知的一面，后来一一离开，只有小简留了下来。

小简曾是我的同事，兴趣爱好与我迥然不同。

比如，我爱看书，她爱逛街；我很纠结，她很果断；我不好意思赞美人，她张嘴好话就来；我把与陌生人交际视为负担，她往往能把陌生人转化为朋友；我羞于谈钱，她觉得没人会跟钱过不去。

总而言之，我是个偏感性的人，她是个很理性的人；我很不现实，她很接地气。

可能是互补相吸，不知道什么时候开始，我们俩居然混在一起了，几乎形影不离。

人和人不能走得太近，一走近，问题就来了。

我习惯了中午和她一起出去吃饭，有时候到了饭点不见她，就电话微信追踪她去哪了，小简总能很快回复。

后来，我碰到了工作上一个难以跨越的坎，小简一开始很耐心地听我絮叨个没完，挖空心思地安慰我。可是当时那个深陷牛角尖的我，只想宣泄情绪，几乎油盐不进。

小简觉得自己白费口舌，渐渐变得开始敷衍我了。发微信，往往过很久才回；打电话经常不接，过了老半天才回电。

我觉得她不该对我如此怠慢，这是不把我当朋友的表现，为此感到很失落，很不安。甚至愤愤不平，我对你这么好，你居然这么不把我当一回事。

而小简在这样的相处模式中也感到很困惑，说我太敏感，一件小事情就会被触发，反应强烈得和事情本身不成比例，这让她感到有种无形的压力。

小简说，你在情绪当下我跟你说什么都没有用的，我在给你时间冷静下来，整理好自己。

我认为这是一种冷漠，你是我的朋友，应该给予我情感上的支持，鼓励我勇于面对问题。我宁愿得到善意的争辩，不愿面对冰冷的沉默。

当两个人处于不同频率时，是相互说不明白的，渐渐埋怨和矛盾越来越深，我们变得不想和对方说话了。

在小简又一次没有及时回复微信后，我狠狠地拉黑了她的微信。义愤填膺地告诫自己，不能将就，人有绝交，才有至交。

过几天，慢慢感到自己做的不合适了，又主动把她拉了回来。

当时小简很开心，马上回道，你终于想通啦。

可是，我并没有真正想通，只是舍不得而已。

后来，这样的桥段重复了一次，两次，三次，小简没有在意。第四次，小简气死了，居然先下手，拉黑了我的微信。

她说，我是了解你，介于我们之间的关系，才一次次地迁就你，由着你的性子，换别人我早就一脚踢开了。但你这么多次反复无常谁也受不了，我们还是电话联系吧。

于是，在这个全民微信的时代，我俩另类的只依靠电话和短信保持着沟通。

冲动是魔鬼，会让自己做下无法挽回的事情。所以，遇事要收敛自己的脾气，冷静对待。

感谢小简，在见过我最不堪的一面之后，虽然拉黑了我的微信，但是，依然没有离开。

我曾经质疑过人性的残酷，却发现这种质疑是如此无力。

后来了解到，我那种行为叫焦虑型依恋，所展现的都是最内在的情绪，是对被抛弃的恐惧担忧，通过依赖这样的反应来获取对方更多的关注和照顾，从而安抚自己的不安感觉。

人们遇到问题都喜欢去指责和怪罪别人，但是在这些问题里，主要的原因往往是在自己身上。

经过反思和自我调整，我慢慢开始理解了小简。

我主动跟她说，联系你的时候忙没关系，有空再回过来，不要有压力。以前我会不高兴，现在不会啦。

小简笑着说，你能这么想不容易啊，开始接地气了。你打我电话，我总要留出一段时间跟你沟通吧，有时候正在和别人谈事情，总不能顾了你这头让别人等着，也不好接了你电话匆匆几句就挂掉。

通过这样的互动，我们的关系渐渐改善。每次我打电话，小简即使不方便接，也会回个短信说，在忙，某某时间回给你。

小简说，人只能靠自己走出来。

她总是一句话，把我从梦想拉回现实。这句话缺乏温情，看起来很冰冷，却是最真实的生活。生活中还有更多的残酷，需要一个人亲自去理解，真正的救赎，是要靠自己才能完成的。

孤独是人生的常态，生活不会按你想要的方式进行，它会给你一段时间，让你孤独、迷茫又沉默忧郁，但如果靠这段时间跟自己独处，多看一本书，去做可以做的事，放下过去的人，等你度过低潮，那些独处的时光必定能照亮你的路，也是这些不堪陪你成熟。

我们都希望遇上一个能够秒回自己的人，但这样的人，像你爸妈一样宠着你，往往会让你变得越来越依赖别人，也越来越弱。

别人的怠慢很伤人，但也会让你成长。只有经历了这种所谓的残酷，才能更加真诚地面对自己。人一定要受过伤才会沉默专注，无论是心灵或肉体上的创伤，对成长都有益处。

要求别人秒回本身就是一种苛责，你要知道，说话不会不理你，永远不嫌你烦并且秒回的是机器人Siri。人世间是没有这样的人的，要学会一个人像一支队伍。

有时候，那个不会秒回你的人，才能让你认清自己，对你的帮助反而最大。

到了一定的年龄，你就慢慢懂得了一些残酷。当你有心事，却找不到一只聆听的耳朵，就知道自己已被迫进入了成人社会。快乐可以拿出来晒晒，却把悲伤留给自己。这是成人礼的训条。还是怀念那时的我们，两小无嫌猜。后来，岁月骗走了天真，名利打败了无邪。纯真年代再难来。

最难熬的时候，应该是从学校过渡到社会的时候，看到喜欢的人和异性甜蜜的时候，身边没人相信你的时候，一个人难过需要亲朋好友陪伴却都不在身边的时候，看到家人朋友有困难自己无能为力的时候，迫不得已对最重要的人撒谎的时候，当你累的时候。大概当你把这些都熬过去的时候，你就会变成另一个人。

谁的人生不曾困难重重

如果说那些书对我影响深远，美国作家M·斯科特·派克所写的《少有人走的路》便是其中一本。这本书让我真正明白了痛苦对于人生的意义，使我在面对痛苦时多了一分坦然，多了一分勇气。

作者说，人生苦难重重，是世界上最伟大的真理之一。它的伟大，在于我们一旦想通了它，就能实现人生的超越。当我们真正理解人生本就艰难之后，我们就再也不会对人生苦难而耿耿于怀。

年轻人，别矫情了，谁的成长不是磕磕绊绊

经常会收到读者留言说自己不喜欢当前的专业，不喜欢现在的工作岗位。了解我的朋友知道我是学统计学的，专业课是高数。大一大二的时候我对自己的专业也提不起兴趣，感觉很痛苦，但是现在，竟有了一丝丝热爱。

前几天跟杨老师谈话，我也问到了这个问题，他的回答让我很汗颜，他说："你说你不喜欢现在的专业，你告诉我你喜欢什么专业？"

我一时哑然，不知道怎样回复，想了想挤出一句："和文字相关的吧，感觉自己蛮喜欢。"

杨老师追问："可以啊，既然你说你喜欢这个专业，那你跟我说说你取得了什么成绩？你为此付出了多少？"

彻底没话可说了。口口声声说喜欢某样东西，但当别人问你为此付出多少，取得什么成绩的时候瞬间没了底气。这样的喜欢，太劣质。

当然，兴趣爱好很大程度上是为了培养自己的情操，和本文所说的主题无关，不过对于大学生而言，对于刚步入职场的朋友而言，你心中的兴趣专业、理想工作是我们用来谋生的，企业的生存法则很简单，就是你能为其创造多少价值。只要你能力突出，是金子一定会发光，这话很老套，但绝对不过时。

慧敏姐是我在成长社群遇到的第一位大咖，翻看慧敏姐的成长历程真可谓如古典老师所言：简直就是奇葩！当然，这里的奇葩指的出众，不同寻常。

为了家庭，慧敏姐从怀孕到生子一个人，自己做剖宫产，自己带孩子打疫苗，看医生。晚上睡觉又会被孩子无数次的哭闹声(要给孩子喂奶)惊醒。

你以为这就很苦了？酷暑里，慧敏姐带着孩子搬进工地，没水没插座，唯一的电器就是一个电灯泡，甚至累到连矿泉水瓶都打不开，21天暴瘦10斤。

可仅仅是2年的时间，慧敏姐经营的社群已经成为全国性的优秀社群，运营人员也超过百人。慧敏姐谦虚说自己的改变是因为遇到了贵人秋叶大叔，可如果不是自己的拼命努力，哪来贵人一说。

所有人的成功都是来之不易的，那些矫情的吐槽，不过是在给自己留后路的逃避罢了。真正努力的人，根本没时间抱怨！

人生本身就是一个曲折向上的过程，人本能的喜欢享乐，可以说学习本身就是一件反人类的事情。

大多数人报专业根本就不了解，只是凭借自己的幻想而已，事后突然发现事实与幻想大相径庭，顿生悔意，打出不感兴趣的旗帜来掩盖自己的失败。

人生路上很多事情不是等我们充分了解后才去做选择，我们所谓的兴趣也不过只是看到了它的表面，我们需要培养的是自学的能力！

兴趣可以是我们的引路人，但很难成为时刻的动力，别高估兴趣对人的影响，也别低估即将面临的挑战。

"核心竞争力"是我近期听到最多的一个词。一直在想明年暑假，当我大学毕业，除了一张毕业证，我真正带走了什么？真正学到了什么？

昨天秋叶大叔在群里"骂"一位刚毕业的学生。暂且叫他小K吧。小K问大叔如何快速打造自己的个人品牌，大叔毫不客气地给小K泼了一盆冷水。

大叔说现在的年轻人太急了，动不动就说要打造自己的个人品牌，自己现在的成就都是数十年的摸爬滚打。刚毕业，还没几个真本领就急着营销自己，成功岂能如此简单？

确实，成功很难一蹴而就，需要我们稳扎稳打，成功的路上也远比我们想的艰辛。急功近利可能短期有所成绩，但从长远来看，实属逐本追末。

再讲一个发生在两天前的故事，故事的主人公是位高三的学生。为了考的理想的大学，放学回家后再自学一阵可谓是家常便饭。

但这位高三的朋友很苦恼，说自己一学习就想睡觉，便留言问我该怎么办。正好自己最近学了"愿景法"便建议他不妨尝试用目标倒逼的方法。

想想自己要考的大学，如果是现在这样的状态能否实现，再想想如果失败，自己能否承担所造成的后果。通常我们可以用幻想失败的方式使我们充满斗志，可惜，它不是适合所有人。

这位同学就是，很不满意的回复到："我就是一学习就想睡觉啊！"得，那我只能劝他好好睡觉，保证充足的睡眠，提高学习效率。因为，这才是他想要的答案。

如同解忧杂货店的老爷爷所言，很多来询问的朋友都是带着期待的答案而来，只是想得到另一个人的肯定。

学习本身就是一件很痛苦的事情，你想要获得更好的生活，你就必须要付出更多的努力。要想人前显贵，就得人后受罪！

回到上面的问题，当我毕业后，我能带走什么？除了毕业证书，我觉得更应该带走自学的能力，以及对能力的迁徙技能。任何技能都不会孤立无援，隔行如隔山，隔得是行业信息，但技能是可以在不同行业迁徙的。

就比如我这几天在成长营学到了秋叶大叔所讲的读书方法，汤小小老师所授的写作之道，戚泽明老师的演讲之道，以及坤龙老师的营销方法。看似毫无关联，实则环环相扣，至于如何运用，需要我们勤加练习，融会贯通，结合自己的经历，最终形成一套适合自己的方法论。

最后用MadamOwl的一句话送给焦虑迷茫的你：迷茫是什么，迷茫大概类似于大雾中行走，隐约看得见远处的光亮，却不知在走过去的途中是否会一脚踏空，落进缺了盖子的下水道。于是亦步亦趋，反复衡量；或者索性大路朝天，走了再说。

朋友，别矫情了，大家的成功都来之不易，成长的路上注定磕磕绊绊。我们要做的，能做的就是接受它，挑战它！愿你我都可以成为更好的自己，祝好。

放下，是一件说起来多么洒脱，做起来多么艰难的事。说实话，一个人在你的生命里待了很久，并且这种存在已经让你习惯，那么忘记就没那么容易，再健忘也做不到说忘就忘。所以想让过去真正过去，请给时间一点时间。有时，面对的其实不是困难，只是时间。

无论你正经历着什么，过得是否开心，世界不会因为你的疲惫，而停下它的脚步。那些你不能释怀的人与事，总有一天会在你念念不忘之时早已遗忘。无论黑夜多么漫长不堪，黎明始终会如期而至。睡一觉，愿美梦治愈你的难过。

谁都有难过的时候，但你需要给心筑一道坚墙

1

夜里无法入睡，记忆累积在心中也无法抹去，突然想到很多而拥抱自己，失望时忍不住哭泣。

在熟悉的角落安慰自己的寂寞，黑色的眼影红色的唇彩只为掩饰夜里的彷徨。

所有的坚强并非与生俱来，所有的锋利并非天生而就，只有小窝里的姑娘才是自己。

北上广追梦的姑娘们，大多都是离家独自奋斗，她们筑起了坚强，藏匿了软弱。心底里愿她们做自由，温暖，柔软的女孩。可以走在冬日寒冷的街头，独自一个人慢慢蜷缩着走在空荡的街上的时候，就暗自告诉自己：这世界上有个角落，有个人正深爱着这样的自己。

她们相信，这会是一个美好的魔咒——与独自奋斗的姑娘共勉。

2

晚上十点半我刚准备睡觉，手机叮咚一声，收到闺蜜小艾大半夜给我

发的微信。

她上来就兴致勃勃的跟我讲她昨晚做的一场噩梦，那种感觉我懂得，我想她自己一个人定是吓坏了。调侃了她几句缓解了一下她紧张的神经。聊着聊着她又说自己胃疼，我都不用问就知道定是吃饭时间不规律，因为平时早饭几乎不吃而造成的。

在我的盘问之下，果不其然，还真的被我猜中。

一向大大咧咧的她嘴里边嚼着面包漫不经心地说了句：哎呀，没时间吃早饭啊。

讲真的，我打心底心疼她，但我从不会表现出来给她看，我只会做那个直言不讳的行刑者。

说一些她自己不敢面对的事情，比如工作目标不明确，比如感情问题太拖沓等等。

小艾是我初中就已经认识的好朋友，时至今日已有十年之久了，这期间虽不密切联系，但是有事她第一个想到都会是我，好的不好的都会跟对方分享。

小艾这个女孩，不出众，不起眼儿，是那种丢进人群只能够做甲乙丙丁的人，不过她生性乐观，总是以笑容示人。

3

在我的心里，小艾也算任性过一回的人，做一个追随自己喜欢的工作的姑娘，她风风火火辞了相对稳定安逸有固定收入的工作。

自己做了主张，瞒着家里，一心向往自己喜欢的东西。似乎以前我一直觉得我自己已经是一个内心很强大的女人了，直到一个周末陪小艾加班，去体验了一把她一天的生活的状态。小艾自己租房子住，一室而已，还是那种多名租客共用一个卫生间那种。

为了省房租租了一个便宜的地段，每天上下班就要路程要花掉两个多小时，按现在入冬的时间来说，每天早晨五点半起床洗漱收拾，连忙去赶公交挤地铁，早上几乎从来不吃饭，八点到单位开始工作。

到了中午随便叫个外卖，几个同事坐在一起竟吃得津津有味。终于到了快下班的时间，我正要为她忙碌的一天松口气，她就得到公司做活动加班的通知。

清楚地记得，下了班她边换工作服边对我说，我们要以火箭的速度去坐地铁追赶最后一班公交车。

下了拥挤的地铁她要我跟她一起跑着去公交站，我说我累得不行了，要不咱们打车回家吧。

她二话没说，一把拉起我的手奔跑在微黄的路灯下，那一刻她弱小的背影竟让我觉得她是如此的强大。

都说爱笑的姑娘运气总不会太差，幸运之神还是眷顾了我们，我们最终还是坐上了回家的末班车。

小艾蹦蹦跳跳地上了公交车，终于可以安静地坐下来休息会了，小艾对我说晚上加班十有八九，有一丝希望能赶上末班车就要追赶着去试试，不过不是每次都是这样幸运啦，错过末班车的时候也有，只好奢侈一下打车回家喽，她笑着说。

公交车在茫茫的夜色中慢慢地开着，经过了整整三七二十一站我们终于到达了目的地。

下了公交车我感觉我们像是穿越了半个地球，她在前面牵着我，我在后面一直问她还有多少米到家，她总是回头笑笑告诉我就快了，就快了。

我早就已经累得闭上眼睛放空自己跟着她走，大脑中正幻想着躺在床上的舒服感……

突然间，她松开我的手从包里掏出一打宣传单跑去给身边的路人发传单，我不耐烦地跟她说：喂喂喂，我们快回家吧，她嬉皮笑脸地对我说：唉，就一会儿，马上就发完啦。

就这样，她边介绍公司做的活动我们边朝着回家的方向走去，好像不知不觉一会儿的工夫宣传单也被她发完了，而我们也到了小区门口。

我们两个在小区门口的面馆吃了碗热腾腾的面，这猜这时已经算是一天中最幸福最享受的时刻了吧。

这一天中我曾无数次彻底地被她的坚强所打动着，我看着对面她吃得津津有味，内心深处也涌起了一股暖意。

4

从她那回来后，我感触颇多。

我想，每个人的选择不同，可能有的时候生活也会不同，但足够幸运的是，你对你的选择不后悔，你也热爱此刻当下的生活。

现在的生活是我们选择的一种以自己喜欢的方式独自成长，随着时间、经历和重新获得满满安全感到最后也会变成一个从容的姑娘。

也许经历是最好的足以证明我们成长的方式，有些人经历的也许正是你当下此刻正在经历的生活，可能她的那份坚持和坚强同样是你需要去适应的过程吧。

每个漂泊在外乡的姑娘们，都还好吗？

伤心难受的时候有人给你安慰吗？

生病卧床的时候有人照顾你吗？

难过不顺利的时候有人给你帮助吗？

一个人孤单的时候都在想家吗？

或许爸妈会给你安慰说：累了就回家吧，家永远都是你的港湾。

但是，我相信你也总是会笑着说：放心吧，我过得挺好的。

愿我认识的不认识的，独自在外奋斗的姑娘们，希望你们也一直能够乐观坚强，早日实现自己的目标，用自己喜欢的方式过上自己热爱的生活吧。

任何安慰都没有自己看透来得奏效，所以不要整天难过了，明明还有好多路要走，好多坑要过，好多关要闯，好多照片要拍，好多文章要写，好多书要读，好多衣服要买，好多价要砍，好多挑战。要面临好多人，要告别好多时光，要细数好多感情，要错过，乖乖闭上眼睛睡个觉。

不管你有多不开心，我们都有责任先吃好一顿饭，打扮好自己。很多烦恼，其实都没什么大不了，只是你在那个情境下，在那种心情里，庸人自扰罢了。所以，无论发生什么，先善待自己，时间一过，世界自然会好。

我们都曾懵懂而迷惘，可我们都已成长

　　我的朋友铃铛，长相和条件都不错，在二十出头的年华里，爱上了一个男生。彼时，我们都是如花年纪，基本单身，纷纷嚷着要见一见，替她把把关。

　　铃铛面露难色，最终还是答应了我们的要求。

　　然而，这次见面我们每个人的感觉都相当不好。举个例子，铃铛把菜单递给我们，示意每人都点自己喜欢吃的菜，我们很有默契地每人点了一个菜。

　　然后把菜单递还给铃铛他们，铃铛也点好自己爱吃的菜，把菜单给了男友。那男生扫了一眼我们点的菜，毫不犹豫就把其中两个菜划掉，一口气点了自己喜欢的三四个菜。

　　铃铛小声提醒他："每个人都点自己喜欢吃的菜，你点自己喜欢的就好，干吗把人家喜欢的划掉啊？"

　　男生皱着眉头说："这两个菜是我最讨厌的，看见它们我就吃不下饭。"

　　铃铛好声好气地说："那你不吃这两个就可以了，这样换掉多不好。"

　　男生的脸顿时拉得老长。

　　我们赶紧打圆场说不要紧，随便吃什么都可以，心里却纷纷对这个男生打了一个大叉叉。

事后，铃铛对我们解释道："你们别怪他，他家就他一个孩子，全家都特别宠他，所以他比较自我，脾气就像个孩子一样，不成熟，再过几年就会好的。"

还有一次，我和几个闺蜜去逛街，曾在商场里目睹这样一幕：铃铛看上了一款早春碎花裙子，兴奋地问男友怎么样，男生满脸嫌弃地说，村姑才穿这样的裙子，土得掉渣，营业员不高兴了，说这是我们今年的新款，卖得特别好。

铃铛非常喜欢这款裙子，就哄男友说穿到身上就会好的。男生白了她一眼说你要喜欢就自己买，反正我是不会掏钱的。铃铛委屈地解释说，我没想过要你掏钱啊！男生撇撇嘴说那最好。

我们纷纷劝她，这个男人太不尊重你了，要不咱再考虑一下？

铃铛苦笑道："他就是情商低，本性不坏的，都是被他家人宠坏的，等毕业工作后就会好的。"

我们不忍心她跟这样一个男人在一起，继续劝她，天下好男人多得是，何必给他当另一个妈呢！

铃铛却很认真地对我们说，其实有时候，他对自己也蛮好的，我们不知道而已，她愿意给他时间，等他心志成熟的那一天，就算最后没能如愿，她也不怨任何人，谁的感情永远一帆风顺，谁的一生不曾受过伤害呢？

看着她固执的样子，我们知道她陷在爱情里，谁的话都听不进去的。

铃铛还是爱着这个男生，但是，我们谁都看得出来，她不快乐，脸上的笑容越来越少，和我们的联系也越来越少。偶尔约她，她都说有事走不开，渐渐地，我们也不再约她了。

大概是两年后，有一天铃铛突然给我们群发消息，约我们喝茶。

见到她的那一刻，她不好意思地看着我们："姐们，我和他分手了，你们还愿意再接受我，加入你们吗？"

铃铛说，这两年来，男生一点点改变都没有，经常让她寒到恍如置身于冰天雪地之中，再热的心，也渐渐凉了，痛定思痛，终于受不了选择了分手。

我们纷纷安慰她，放下不好的，才会遇见好的，就当是吃一堑，长一智吧！

铃铛用力地点点头："对，能够从伤害中成长，那也不失为一种收获。"

但，铃铛第二个男朋友，依然重蹈覆辙，自私小气到令人发指。这段经历，是铃铛分手后才告诉我们的，用她的话说，从两人恋爱到分手，对方连一片白菜叶子都没有送给她过，她知道男人家境不好，小时候穷怕了，所以对金钱表现出狂热的追求，但她并不是爱慕虚荣的女人，就算是一盒小小的巧克力也好啊！

而最终促使她做出分手决定的是，有一天晚上，她肚子痛得厉害，打电话给男友，希望他给自己送药或者带自己去医院，可男人说："我已经睡下了，肚子痛你喝点热水就好了。"

那一刻，她心冷如铁，从此再也没有联系过对方。

两次感情失败后，铃铛辞职去了别的城市，我们之间的联系，渐渐只剩下节假日的问候，只是偶尔得知，她一直都没有开始新的恋情。

但上个月的一天晚上，她突然打电话给我："亲爱的，我刚刚看到你的一篇文章，《当你拥有智慧与见识时，你根本不会爱上人渣》，写得太好了。"

然后，我们整整聊了一小时，铃铛说这些年一直都在看书、学习，有很多新的感悟。

她说，原本一直都认为，伤害没什么大不了，只要能从伤害中成长，那就是一笔宝贵的财富，可是现在完全不这么想了。

能从伤害中成长，这是一件好事，起码比受到伤害，还原地踏步要强得多。可是，这样的成长代价太大，若内心脆弱一点，也许就会一蹶不振，而它所带来的成长也相当有限，若每一次成长都源于一次伤害，人生得经历多少次伤害，才能成为自己想要的人。

真正的快速成长，绝不是来自伤害，而是学习、反思、觉悟，如果不懂这些，受再多伤害也不会成长，只不过是不断重复犯错而已。

铃铛说过完年她就三十岁了，虽然依然单身，但已不再为年纪所困，也不再变得焦虑，只想在未来的岁月里，成为自己喜欢的人。

这些年来，我结识过很多深具智慧的人，她们在事业和婚姻上都幸福美满，睿智得令人惊叹，她们看待事物的视角与普通姑娘不同，她们提出的见解独到得令人叫绝。

她们比一般人更能一眼看透事物的本质，也更能预见事情的发展，可是再了解下去，就会发现这些人大多都不是被伤害后，才成长为见识卓绝的人，而是她们都是超级爱学习，爱思考的人，她们从来不是一头扎进一件事中，眼中再无其他的小女子，更不会天真到自欺欺人，只相信自己愿意相信的事实，她们的眼界和智慧，绝不输给任何优秀的男人。

前两天，听到一位姑娘跟我抱怨这个社会太黑暗，人性太复杂，自己经常被人算计，防不胜防，感觉活着都是件不容易的事。

我多想告诉她，如果可以，请静下心来好好学习，仔细观察身边发生的每一件事，也许，你会发现很多事情，早就可以一目了然。

亲爱的，我希望如果有一天，当我们成为智慧满满、内心强大的人时，不是因为我们被伤得体无完肤后的绝地重生，也不是因为我们经历过别人所没经历的痛苦，而是因为我们在普通平凡的生活里，用自己的努力，早早就具备了洞察力和卓绝的悟性，能够从别人的故事里看清规律，从别人的经验中悟出自己的道理，随着岁月，告别那个懵懂迷茫的自己，成为一个通透睿智的人。

如果找不到坚持下去的理由，也都不要把自己留在原地，那就找一个重新开始的理由，生活本来就这么简单。只需要一点点勇气，你就可以把你的生活转个身，重新开始。生命太短，没有时间留给遗憾，若不是终点，请微笑一直向前。

机遇总是有的，如果把握不住，不要怨天尤人，原因只是自己不够优秀；不要把时间当垃圾处理，唯有珍惜光阴，才能提升生命的质量。

我们与优秀之间只差了一个时间

一个朋友跟我说，他总是太急了，好像自己还没学会走，就想去跑，所以常常把自己弄得很累。这种感受，我也有。

刚学日语没半年，我就想自己能够考下N1就好了；希望自己可以一年读上百本书，让自己一下子变得优秀；希望刚毕业第一年就可以拿到很高的工资，吃喝不愁，衣食无忧；写一篇文章，希望一夜之间可以刷爆朋友圈，红得人尽皆知……

可是，后来这些期望大多事与愿违。当结局总是跟我期望的不一样的时候，我才明白，在成长这条路上，在变得优秀这条路上，我太过心急了。

急于求成，急于被人认可，急于翻身改变命运，急于得到一切。

当这些操之过急的愿望没有实现的时候，我就同朋友一样，百爪挠心，辗转反侧。我变得焦虑、不安，时常觉得自己无能。我就是伴随着这样的心情，在最深的渴望里，努力着，学习着，纠结着，受折磨着。

我一边给自己打气，要不断努力，成为更好的人；一边又备受折磨，觉得自己为什么还是不够好，为什么比他人还是差那么多。别人红了、成名了，粉丝和年薪都几十万了，而我呢？

那种滋味真的不好受，它让你觉得自己太匮乏了，太无能了，太差劲了。坐在地铁里，我经常累到想哭；夜里睡觉的时候，也常是彻夜难眠。

我的自尊心在折磨自己，我不能够容忍自己不够好，我不能够接受自己还不够优秀。

可是，接受自己不够好，承认自己暂时的"无能"，真的那么艰难吗？

记得一个同事跟我说，他最大的优点就是善于原谅自己。当自己犯错的时候，当自己没有达到自己期望的时候，当自己感到累的时候，他选择不为难自己。我想，我也必须承认自己不够好这件事了。我读书不够多，我的工资不够高，我没有几百万的房子，也没有几十万的存款。

我日语学了一年，还是很差劲；我没有保证自己每天都读书；我上班会迟到，周末会想在家睡个懒觉。那些我想一下子过上毫无压力的生活，一下子功成名就的愿望，都是源于对现状太过艰难的畏惧和恐慌。

在困难的境遇面前，我做得不够彻底，我没有全心全力地去面对。累的时候，我总想要逃，怀疑自己，怀疑生活，怀疑理想的意义。

可是，在我如此沮丧的时候，我发现自己还是无法停下来。即便我接受了自己没有天分、不够优秀的事实，我还是不愿意放弃。起码我今天要比昨天好，我今年要比去年好，我明年要比现在好。我做不到一蹴而就，起码应该做到让自己越来越好。

事情为什么不能从另一个角度看呢？以前我只是一个在北京五环外实习的杂志社的小编辑，现在我已经跻身行业里非常有实力的图书公司做产品经理了。以前我一年读三十本书，去年我读了五十多本了。以前我连日语里的一句"谢谢"都不会说，现在我多少可以说点口语了。

我不全是无能，我只是还不够好，并且对于自己不够好这件事，太过心急，不能坦然接受。

我不是告诉自己今年要读一百本书吗？我不是要求自己文章要写得越来越好吗？我不是在努力让自己升职加薪工资翻倍吗？我不是还打算去学学画画、练练书法吗？我不是对自己、对未来，都比从前更有信心了吗？

"我还那么年轻，不够好又有什么关系"，我能够越变越好，不就可以了吗？

那些功成名就的人，十年前也大多跟现在的我们一样，一无所有。可是，我们拥有跟他们同样的心气和斗志，十年后，我们也不会太差的啊。我们也许会成为他们那样的人，甚至比他们更好，不是吗？

对于年轻的我们来说，没有上过重点大学又怎样？没有一毕业就拥有金饭碗又怎样？没有进大公司获得优渥的待遇又怎样？没有男朋友，没车没房没户口又怎样……

身边只上过普通大学的朋友，后来摸爬滚打也年薪百万了。最初在七八个人的小公司里"暗无天日"的码字员，最后也凭借经验和能力进入上市公司了。以前没钱要住地下室的同事，现在也有能力住在三环的独居卧室了。

我们一直在努力变好，不是吗？只是在我们还不够好的时候，我们何不试着体谅自己。

我们只是需要时间去改变这些，而不是埋怨自己无能。当我们累了的时候，我们就坐下来休息休息；当我们口渴的时候，我们就站起来去接杯水喝；当周末休息的时候，我们适当给自己放个小假。

比起成功，我更希望我们可以成为一个快乐幸福的人。比起你飞得多高多远，我更担心你过得好不好，心累不累。只要你一直在努力，让自己变得更好，就千万别太着急，别太勉强为难自己。年轻的我们，还有大把时间，用来改变命运。

一个朋友说，她觉得自己就像是一个孤单的星球，无父母依靠，没有朋友帮助，也没有爱的人关心照顾。那个时候，我跟她说，"当你自己足够好的时候，一切都会好起来的。前提是你要对自己会变得更好这件事，深信不疑。"

我们需要明白，跟优秀之间，我们不过只差一个时间的距离。

希望努力着的每一个人，坚持并快乐。

给自己时间，不要焦急，一步一步来，一日一日过，请相信生命的韧性是惊人的，跟自己向上的心去合作，不要放弃对自己的爱护。

CHAPTER

04

因为委屈

所以才能坚持

人到了晚上都是感性的动物，会想很多事，而且多半是痛苦的，这种情绪控制不住，轻轻一碰就痛。不要因为一点瑕疵而放弃一段坚持，没有一份工作是轻松的，没有人是完美的。耐心点，坚强点；总有一天，你承受过的疼痛会有助于你。生活从来不会刻意亏欠谁，它给了你一块阴影，会在不远的地方撒下阳光。

柏油路自有它的曲直，
而生活总会留点红运给固执的人

凌晨三点，大雨过后的柏油路反着光。

莫楠的左手握着右手，不断摩挲着食指的TASAKI戒指，这戒指是她很喜欢的牌子，戒面是小巧的碎钻和珍珠攒成的小花，素雅又生动。当初在专柜见到时，她往食指上一套就舍不得摘下了。

今天，莫楠加班至凌晨三点。

紧张之后的松弛，让人感觉格外轻松。她为自己倒了一杯蓝山咖啡，斜倚着巨大的落地窗，眺望远方。

夜色深不可测，小汽车携着急促的喇叭声在街上飞驰，纵横交错的霓虹广告牌散发出朦胧的味道，法国梧桐直挺而铺张的枝叶在半空中交汇，在浮光掠影里生出长驱直入的快感。

莫楠就这么静静地站着，脑海里浮现多年前只身而来的，无畏无惧的自己，突然觉得鼻头发酸。这让她想起来，上一次彻夜的加班已经是十年前。

十年前，网络上还没有"城市迷走族"一词。

莫楠辞掉了家人安排的工作，尽管这份工作人人羡慕，她却觉得生活不该如此寡味，于是辗转来到千里之外的广州，打算重新开始。

时至今日，莫楠仍记得离家的那天，母亲的眼泪和父亲的怒不可遏。"你长大了，翅膀硬了，既然要走，就再别回来！"她一言不发，沉默而固执地拎起了行李箱，心里憋着气，暗暗发誓将来一定要让他们刮目相看。

然而，现实就像一记耳光，重重地打在她脸上。

切断了过往的一切人脉和资源，新的起点远比想象中困难得多。整整三个月，尽管她不断去寻找机会，却始终没得到一份录用通知。曾经引以为豪的工作经历毫不留情地被无视，彼时的雄心万丈如今在骨感的现实里一落千丈。

仍记得，那场面试。

胖胖的面试官斜着狭长的眼睛，跷着二郎腿，将她的简历抖开。

"你是本科？学历这么低。"对方一副遭遇拦路乞丐时满含厌恶的口吻。

"可是，招聘启事上写的是本科或本科以上啊。"莫楠额头冒汗，双手局促地扭在一起，怯怯地说。

"那是针对广州本地人，你是吗？"面试官咄咄逼人。

莫楠无奈地摇了摇头。

面试结束，莫楠疲惫地走在大街上，烟灰色的天幕下，不远处的太和文化广场热闹非凡。

走进地铁入口，莫楠想到最近几天已经艰难到一天只敢吃一顿饭的地步。站在站台上茫然四顾，看着眼前行来过往、乌泱泱的人群，她不知道自己该向哪个方向走。

想着刚才的面试，想着在她转身的刹那，面试经理将她的简历包上口香糖，随手扔进了废纸篓里的傲慢。莫楠眼眶一热，顾不得路人诧异的目光，积攒多天的眼泪终于忍不住流了下来。

几乎穷途末路时，她终于等来希望的橄榄枝。月薪不足三千，天蒙蒙亮就要从床上爬起，搭半小时公交车，再转一小时的地铁去上班。

钱包干瘪，莫楠在住房问题上也面临着不停搬家的窘迫。就像有一只巨大的怪兽在后面追赶着，她必须得要么周末全天跑上跑下，要么不断拨打着电线杆上小广告的电话，要么挣扎在打包和求宿的境遇中。

工作则是既忙碌又枯燥，不是夜以继日地与各式表格打交道，就是伏在办公桌上与手工账本里的蝇头小字做斗争。倘若遇到收支不平衡，还得心急火燎地找出那笔微毫的数字差，越心急越手忙脚乱，于是彻夜翻着凭证对账本就成了莫楠生活里最常见的桥段。

之所以反复对账经常是因为彪悍的会计在某个神经搭错的瞬间豪迈下笔，把0添成6，把6倒成9。

尽管这样的差错不时上演，但是面对会计大婶一身白花花的横肉和斜睨的小眼神，菜鸟莫楠对此也只是敢怒不敢言。

加班得到的好处只有一身酸疼，莫楠累狠了就陷在沙发上半生半熟地睡一会儿。

七个月后，公司倒闭，她失业了。

这是莫楠来广州的第一年。

凌晨三点，橘色的灯光洒满小小的出租屋，狭窄的窗台上云竹叶子上泛着微亮的光。莫楠躺在床上不愿起来，很累，也很舒服。窗外如深渊一般的深夜，看得人想纵身一跳。

气氛突然变得很悲伤，她的眼泪当即滂沱而出：明明在父母身边可以工作得更好，何必摸爬滚打地挣扎在这钢筋水泥筑的大城市，甚至，还得不到一个预期的结果？

逃离的念头再一次萦绕心间，她一个个电话打过去，向学姐请教，跟闺密商量，和发小讨论，甚至不知所措到抛硬币以求获得上天的指示。后来，她给妈妈打电话，试探地问，若回家可好？得到的回应是妈妈欣慰又疼惜的肯定。

可是，就这样算了吗？

当初她羡慕别人的努力，羡慕他人的生活风生水起，羡慕他人年纪轻轻已担大任的强大，羡慕他人一边打工一边旅行的洒脱。现在，又要转身去继续之前嗤之以鼻的生活吗？

挂在嘴上说说的人生，又有什么资格获得想要的生活呢？

内心世界的两个小人交战甚酣，墙上的时钟嘀嗒、嘀嗒走着。辗转难眠，莫楠烦恼地昂起头，看到指针已赫然指向五点。

晃荡着去路边的小摊吃着油条喝着豆浆，在油乎乎的板凳上，在腾腾的热气中，于他人的匆忙中，前一刻还在留下与离开的抉择里惶惑的她，终于横下心决定留下。

生活不会永远如我们所愿，只身逃离不会扭转乾坤，纵然头被撞破，血流一身仍得不到好的结果又怎样，至少不会在年老时后悔当初。

找工作依旧很艰辛。

莫楠工作的第二家公司是一家德资企业。

新的工作忙碌而有节奏，本来她对这份工作的满意度是百分之百，然而当发现德国佬那只随意揩油的肥腻大手，莫楠眉头紧蹙，心底一下变得黯然。

某个星期五，行政部盘点办公室易耗品，让莫楠忙得团团转。

她双手捧着文件夹正要回到自己的办公桌前，忽然臀部被划了一下。她一怔，回过头去，非礼她的经理正看着她挑衅地笑。

愤怒袭上心头，这个杀千刀的德国佬，竟敢趁机占便宜！莫楠刚要骂出口，主管已经在叫她："小莫，赶快把月报表整理出来。"

莫楠又看了经理一眼，那色眯眯的眼里仿佛也生出一双毛茸茸的爪子，她顿觉喉头一紧，紧接着鼻头一酸，眼泪几乎要落下来。

然而，她只是不动声色地坐回了座位。

屈辱吧？

想愤然离职。

但是，离职以后呢，再尝一次三餐不继、四面无援的滋味吗？

骄傲？原则？自尊心？

呵呵！

在填饱肚子之前，这些，屁都不是！

那天，莫楠在广州已待足两年。

十年后，微博上已经有人将"城市迷走族"的概念提出来，并为之总结出"走过几次的路仍然没有印象""写联系方式时，突然不记得自己的手机号码""做菜时，糖与盐，酱油与醋傻傻分不清楚"等十二条具体表现。

莫楠看着这十二条标签，情不自禁地泛起微笑。

手机铃声忽然响起，莫楠放下手中的咖啡，接通了电话。

电话另一端是多年的好友，莫楠曾在广州招待过她。

她在美国攻读博士，为回国还是留下踟蹰不安。

"不知所措的时候，坚持下去就是对的，坚持到底你就会豁然开朗了。"莫楠这样对电话另一端的朋友说。

简单的一句话，她足足用了十年来验证。

十年，她的事业有了进展，一路前行，见识了不靠谱公司的坑钱手段，领略了高大上公司的格子间争斗。当然，薪水和位置也一路水涨船高。

如今，她偶尔会站在办公室的落地窗前，俯瞰这座城市，回忆起当年。

迷走，不是伯牙、子期知音难觅的怅然，而是人在心途迷失了方向，忘了来时的路，失去了出去的方向。我们之所以疼痛不堪，不是丢失了视线所及处那些心爱的物件，而是一不小心坠入密树浓荫的迷障。雾霭模糊了心之所往，行走其中，不自觉地浮躁，且毫无知觉地遗忘了最初的目的，渐渐屈服。

生活的肌理却是点滴，或哭或笑，或肆意或失意，一点一滴都是其骨架的零件，然后才铸就了真实有血肉的个体。所谓成长，没有谁与你感同身受，它往往滋长于顽强不屈的自助，既然选择了生活的某个方式，你必须自己驱散迷雾，因为没有别人能帮助你。

星期一，下午茶时间。

部门的年轻职员七嘴八舌聚在茶水间。

几个女孩此时正在兴奋地交流着办公室八卦，她们眉飞色舞，空气也掩不住这份欢喜。

莫楠拿着骨瓷杯朝茶水间走去，她准备冲一杯咖啡醒醒神。

"莫姐真是太不近人情了，我就错了一个小数点，至于板着脸嘛，还是缺爱的三十岁老女人都这样啊？"

一句抱怨，传入她的耳中。

她走到门口。

"是啊，你看她有多无趣。"同仇敌忾的附和声已先她一步响起。

气氛变得尴尬，女孩蜜桃一般的肌肤泛出虾红色，漂亮的大眼低垂着，手脚不知如何安放，圆润的鼻头甚至冒出了细密的汗珠。

莫楠瞄了她一眼，便不动声色地移开了目光。

这个城市与十年前相比并无质的改变，萝卜糕依旧缺少萝卜浓郁的香气，加班的晚上也仍有大雨倾盆。

苦尽甘来的好处不言而喻：低欲求，易满足。

每当听到这样的吐槽，莫楠总是一笑而过。

回头去看过往的辛酸，比起青春的哀与乐，拼搏的甘与苦，莫楠真心觉得，即使被手下的员工认为太不近人情，也不能降低要求。毕竟，作为一个上司，有太多的事情要考虑。

凡事非常态才容易生美。

你不需要别人的怜悯和关怀，你真的不需要。

眺望马路对面的肠粉摊，莫楠贴着玻璃窗，饶有趣味地看了又看。

抉择，它实现的最终目的不是自由，而是拥有自己的世界，依附梦想，独立自我。如果你现在走在一条看起来没有没有尽头的弯路，尽管你感觉痛苦也一定要迎难而上，坚持走下去，路是你自己选的，有勇气选择就该有耐力承受，别怕什么都失去，至少还有希望在。

柏油路自有它的曲直，而生活总会留点红运给固执的人。

尤为喜欢那一类拥有独立人格的人。懂得照顾自己，在事情处理妥帖后能尽情享受生活。他们不常倾诉，因自己的苦难自己有能力消释。他们很少表现出攻击性，因内心强大而生出一种体恤式的温柔。他们不被廉价的言论和情感煽动，坚持自己的判断不后悔。喜欢这些人，也因他们并不在乎别人是否喜欢他们。

能让你强大的，不是坚持，是放下；能让你淡泊的，不是得到，是失却；能让你登高的，不是他人的肩膀，是内心的学识；能让你站立的，不是卑微的苟活，是不屈的抗争；能让你重生的，不是等待往事的结束，是勇敢地和它说再见；能让你终生追逐的，不是远方的目标，是不死的信念。

除了通过黑夜的道路，无以到达光明

今年春天，我采访本地一位知名的企业家。

上万人的企业，经营得风生水起。老总非常平和，脸上带着淡淡的笑，是那种被命运磨砺过的柔软。我紧张的心情纾解了许多，拿出采访提纲开始和他聊起来。

我问：您的企业做这么大，是不是一直都很顺利？

那位企业家苦笑：呵呵，做企业就像过山车，忽上忽下，怎么会一帆风顺呢，你还记得2008年那次金融危机吗？

那年，我们公司受冲击最厉害，几个月里只接了些零零散散的订单，工资都开不出，我急得天天火烧眉毛。后来，有一个中东的大订单，我们也没仔细审合同就接了。工人有活干，有工资挣，公司能运转就行。

结果，货物到了对方海岸，迟迟没人接货。我们一查，是对方的信用证有问题。那批货就扔在海岸上，公司陷入了绝境。我带着翻译去了国外。在举目无亲的异国他乡，我和翻译一家家去所有有希望买我们货物的客户那推销这批产品，哪怕赔钱卖，也不能扔那吧。

住了一个月，签证到期了，还没有找到卖家，我们只好回来了。隔了一段时间，我们再去，这次，终于找到了一个买主，不过对方把价格压得很低，成本价的一半多一点。没办法，再不卖，损失更大，货物在海岸上还要收仓储费。一咬牙，把合同签了，对方打款提货。

在回来的机场，我抬头仰望天空，泪流满面，我不知道公司的命运会怎样。

说到这，那位企业家闭上眼，我知道他是在平复往事带来的激动情绪。

过了一会儿，他睁开眼：好了，过去了，都过去了，那些最难的时刻已经过去了。

告别那位企业家，我在路上边走边想。2008年，我在干吗？

那年，我刚刚换了一个部门，对新工作还很吃力。但我根本没有不紧不慢的实习期，因为我是公司的老人，换部门是为了培养我的综合能力。专业知识、新软件、新制度、新方案、新流程，全部要重新学习。

别人一天工作八小时，我一天工作十几个小时。中午下班后，我就把饭买回办公室，一边对着电脑，一边吃。下午下班后，总是最后一个走出办公楼。考核制度就像一只身后的老虎，如果新岗位的业绩比之前差，我就会被降职降薪。

记得也是在八月，正值北京奥运会。

那天老公出差了，我想下班早点回家陪女儿看电视。领导匆匆走来，拿着一个文件夹，让我加班做个方案，明天要报到省里，里面是一些参考资料。

我给妈妈打了个电话，让她接女儿去她那。

我开始一页页看资料，然后汇总。做方案时，竟然还要用一个我刚刚接触的办公软件，我打开软件用了半天，还是图不成图，数不成数，急得七窍都冒烟了。

抬头看看墙上的挂钟，已经是晚上十点，我的方案还没有一个字。最要命的是，那个软件我还不会用。整座楼里鸦雀无声，只能听到我自己的呼吸。我趴在桌子上哭了起来。可是，哭有用吗？

万般无奈，我给一位同事拨通了电话求援。我带着哭腔的声音吓了他一跳，以为这大晚上我被人欺负了。听我说明情况，他说，别急，我远程教你。

夜里十一点的时候，我终于学会了使用那个软件。

我一点点按要求做好方案。零点三十分，我把方案发到领导邮箱。看着电脑上显示的"邮件已发送"，我长长出了一口气。

来到大门外，和保安打过招呼，到路边等出租。马路上过往的车辆已经很稀少，且大多是私家车。偶尔过去的出租车上也挂着"停运"的灯。

等了近二十分钟，眼看都凌晨一点了，还没等到一辆出租车。我决定步行，走一步就离家近一步吧。

公司在城郊，走出100米，身后的门灯就没有了光亮，只有昏暗的路灯无精打采地亮着。路上没有一个行人，我的心提到了嗓子眼，后背直冒冷汗。

我一边惊恐地四下张望，一边疾步前行。忽然有一瞬间，湿漉漉的衬衣领子贴到了我的脸上，是我的汗水和泪水给打湿的。

凌晨两点半，终于看到了小区的大门。我的心慢慢恢复了正常跳速。

进门时，正碰上租我家阁楼的邻居，他在夜市卖烤串，也刚刚收摊回来。我俩一起回家。我问他这么拼，有什么愿望，他说想在城里有一个自己的家。他又问我的愿望。我说想升职加薪，买辆自己喜欢的车。

八年过去了，2016年的奥运，当看到女子100米仰泳铜牌得主傅园慧说的那句"洪荒之力"，我笑了，眼里却流下了泪。

那位企业家，我，还有卖烤串的邻居，也是用洪荒之力走到了梦想最初的地方。

其实，谁天生也并不是有着无坚不摧的洪荒之力，逼着你往前走的，更不是前面的诗和远方，而是身后的万丈深渊。

　　泰戈尔说：除了通过黑夜的道路，无以到达光明。

　　是的，当与命运狭路相逢，路很长，夜很黑，你别无退路，只能在胸口刻上一个"勇"字，克制着所有的恐惧，咬牙走过那段独行的夜路。

　　走着走着，天就亮了。

　　一个人能被生活淹没，很重要的原因是没有一个可以和生命产生共鸣的爱好，所以，你工作着大家的工作，上着大家上着的学，过着大家过着的生活。而爱好呢，它是具有区分功能的，那些找到了自己的爱好，并且把爱好坚持下去的人，会具有一种别样的风致，也因此会拥有自己的属性，哪怕会平凡但也不会普通。

别人在熬夜的时候，你在睡觉，别人已经起床，你还在挣扎再多睡几分钟，你有很多想法，但脑袋热了就过了，别人却一件事坚持到底。你连一本书都要看很久，该工作的时候就刷起手机，肯定也不能早晨起来背单词，晚上加班到深夜。很多时候不是你平凡，碌碌无为，而是你没有别人付出得多。

坚持到有资格去任性

前不久收到学弟的微信，问我早上起不来床怎么办。我第一反应是想告诉他当时我起床的办法——定上十个间隔五分钟闹钟，每个闹钟都用不同的铃声。而后发觉这样告诉他没什么用，闹钟归根结底只是提醒你时间的东西。

其实如果你真的想要考研，你不会在早上起不来床。你会没有动力归根结底是因为你没那么想做那件事情。所以在你早上起不来床的时候，你要做的不是找一百种让你起床的办法，而是想想你究竟有多想要做考研这件事。

突然想起之前考研的日子，早起晚睡，除了吃饭做题，就是做题吃饭，每天再加上两集老友记。现在还会觉得空气稀薄，仔细想想这些年我半途而废过很多事情：钢琴练了没多久放弃，画画如是。学吉他为了泡学妹自然又没坚持多久，说好去看的演唱会也因故放弃，说来奇怪，对于大多事情无法坚持的我，却也度过了无比稀薄的两个半月。

很多时候我都觉得厌烦的难以继续，却又不得不佩服人们的忍耐力。

一旦投入，再"无趣"的事情都能看到坚持下去的理由。

之前在北京签售的时候，听朋友说起她的朋友——在家里工作了一年多突然决定辞职，跑到帝都变成了一个大龄北漂女青年。她带着自己的积蓄，准备做一个歌手。在北京，做着歌手梦的人多如牛毛，出头的寥寥无几。机缘巧合，我们三个一起去看了一场音乐剧：我朋友本应是音乐剧中的一员，碍于没有时间只得放弃。

我们先到了后台，看着她和每个演员打招呼，看着每个人都认真地做着最后的准备。演出开始时我才发现观众席连同我们三也只有十个人。这个音乐剧已经连续演出了两个多礼拜，听说前两天人更少。我不知为何替他们尴尬，后来看到他们忘我又精彩的演出才暗自骂自己的想法是多么的可耻。根本就没什么好尴尬的，有人看自然最好，没人看也会坚持到底，投身于演出的人，是根本不会想到有尴尬这个情绪在的。他们满脑子想的都是怎么表演才好，怎么说台词才会有感染力。

当你投身于你的梦想的时候，你满脑子想的都是怎么做才是最好，根本就没有时间去不安。

那天我们聊起姑娘之后的生活，她也皱着眉头说之后的日子要苦逼了，要是什么都混不出来就这么回家了才是真正的丢脸。但是每次半夜想着自己曾经的梦想，就觉得不安，连饭都吃不下。

后来签售的时候她也来了，那时我想到一句话：唯有梦想才配让你不安，唯有行动才能解除你所有的不安。

我的gap year前不久结束了，同大多数人到处旅游不同，我的gap year结束地如同开始一样平淡——每天早上九点多起床，晚上三点多睡觉，有着不算规律的睡眠时间。每天下午看一会书，看到不想看为止，有时候会忘记吃饭，有时候看一小时就看不下去。回家对着word发呆两小时，写得出来最好，写不出来也是常态，简直就是间隔年的反面过法。

然而几个月下来，我觉得这才是我的过法。我也曾看到别人到处旅行的照片羡慕不已，暗自抱怨为什么要选择考研，然而吐槽过后我发现，我必须往下走。最好的两个死党一个进了银行开始吐槽上班多工资少，一个开起了工作室刚起步什么单子都得接导致睡眠时间急剧减少，他们都走向了自己的路，大步迈向自己选择的路。

　　而我们必须硬着头皮朝着自己坚持的东西走下去，不管是上班时开工作室还是继续读下去，我们都必须走下去，才能对得起自己的选择。想要写书就开始好好读书写稿；想要考研就从做题背单词开始；想要旅行就从订车票订机票开始。你无暇评判别人的生活，也不要让别人评判你。你有你的生活方式，上班也好旅行也罢，别人看来是好是坏随便他们，你只需要把这条路走下去。

　　随便怎样都好，如今我又开始了学生生活。很多人都问我为什么还选择回来，让之前的签售和演讲戛然而止。一方面我觉得自己还不够强大，还需要各方面地充实自己；另一方面我很想知道在经历了这么多之后，我比之前强大了多少。

　　上面说过"说来奇怪，对于大多数事情无法坚持的我，在某些事情上却固执得很"，现在的写书和读书，就是某些事情，我半途而废过太多事情，所以在这些东西上，我要把之前所有的半途而废都弥补上。我偏偏天性是一个喜欢用力生活的人，要么滚回家里去，要么就拼。所以在向这个世界认输之前，我绝不放过任何一个挑战它的机会。

　　人长大的标志就是试着去听从自己内心的声音，而不去在乎外面的掌声。等待和拖延是世上最容易压垮一个人斗志的东西，犹豫不决则是你最大的敌人。能看书就不要发呆，能睡觉就不要拖延，能吃饭就不要饿着，能亲吻就不要说话，能找到自己想做的事情就不容易了，青春得浪费在美好的事物上。

　　而你必须习惯人来人往，有人不由分说把你否定，有人跟你同行最终分道扬镳。很多年后你回忆过去，一定会把很多都忘了的，唯一能证明你存在的只有你曾经用力走过的路。

这条路上你注定会孤单一人，你必须走到底，才对得起你经历的孤独和挫折。当你下定决心无论如何都要坚持到坚持不下去为止时，才有资格任性。

lose yourself这首歌是我永远舍不得换的妖孽，最后一句歌词献给所有在路上的人："you can do anything you set your mind to，man"

坚持；所有苦逼都是傻逼般的不放弃。只要你愿意，并且为之坚持，总有一天，你会活成，自己喜欢的那个模样。

不管发生什么，都不要放弃，坚持走下去，肯定会有意想不到的风景。也许不是你本来想走的路，也不是你本来想登临的山顶，可另一条路有另一条路的风景，不同的山顶也一样会有美丽的日出，不要念念不忘原来的路。

坚持梦想，你最终成为最好的你自己

"我……决定考研了。"好友candy打来电话。

"决定了么？"我问。

"嗯，是的。还是想试一试。趁自己还年轻。"candy缓缓地说，语气里透着坚定。

"既然决定了，那就放手一搏吧。"我了解candy的艰难。

"嗯。"candy哽咽着回答。

我知道candy承受着多大压力做出的这个决定。我知道此刻candy需要周围人的支持与鼓励，可是与现实比起来，一切的言语都显得那么苍白无力。

candy出生在小城市的农村，祖辈上世代都是农民。在那个女孩子读书是奇迹的地方，candy一直坚持着读到大学。这期间，她所做的努力与争取，每每与我谈起，总是痛哭流涕。

candy从小学习好，成绩一直很优秀。她很爱读书，小时候家里没有书报，农村里凡是带字的纸张基本上都用来糊墙。candy经常歪着头读完墙上歪七扭八大张大张的报纸。地上经常有被撕碎的报纸，candy捡回家一点一点拼接起来，看了一遍又一遍。刚开始，家里人并不支持她读书，在农村的观念里女孩子不需要懂得那么多。能认识几个字到年龄嫁人就算完成使命了。

在继续上学这个问题上，candy哭了三天三夜。终于得到父母的同意。尽管有父母的同意，可是她并没有受到鼓励。谁也不相信她一个女孩子能读得多有出息，能怎样的出人头地。于是，更多的时候是她回家边读书边干活的，边听着周围人的奚落。

初中毕业，candy继续高中学习，听着身边的人诸如亲戚之类的嘲笑……

"就知道读书，真是个书呆子！"

"心比天高，命比纸薄，嗤，还想上大学呐。"

"你是读书人，还有你不知道的啊"

每次听到这些奚落的时候，她的父母也会疑惑"女孩子家的读书有什么用？"

少时的candy也曾一个人躲在角落里偷偷哭泣。

但在擦干眼泪之后，她仍然拿起书本，为了那个梦想，她不愿放弃。

最后，她终于考上了大学。

在大学里，她拼尽全力的争取奖学金，假期做兼职，做家教。穿最简朴的衣服。维持自己的生活的同时，还会帮父母寄一点点钱。每天早出晚归。不敢旷一节课。为了弄懂一个问题，彻夜不睡……

我曾打趣她就像《平凡的世界》里的孙少香。

她笑笑，不说话。

一如既往的坚毅。

我们曾在灯火辉煌的夜里，仰望着那一扇扇温暖的窗口。

"我也好想在大城市里有个家。"

"我想要继续考研，可是学费又涨了。"

"尽管这么多年来，我读书有那么的不易，可是我从未想过放弃。"

"每一次，每一次，特别难的时候，我就想坚持一会儿。再坚持一会儿。"

candy最终还是决定考研了。

我知道她所做的挣扎与努力；我知道她为了最初的梦想，一定会坚持；我知道她不会放弃；我也知道她不会畏惧那些奚落与嘲讽。

嗯，为了这个决定她已经准备好了。

真的。

我的领导侯总是一位十分优雅的女士。

前段时间她刚刚从加拿大回国，邀我一起喝咖啡听讲座。我们熟知的她现在经营着自己的企业。闺女出国留学后已在国外定居，她经常往返两地。一边继续着自己的事业，一边享受着家庭生活的温馨。在我们眼里，她一直是我们奋斗的目标，是我们想要成为的人。

席间，她给我讲起了她年轻时的故事。

一个也曾被别人嘲笑但始终坚持梦想的故事。

侯总的老家在江西农村。80年代考上大学，分配在北京一家报社工作。那个时候，她最大的梦想就是留在大城市。一群刚刚分配的大学生挤在单位的地下室里。每个月领到手的薪水算计着吃，算计着穿。常常不够花。与现在的年轻人一样。可是，因为这是自己的梦想，所以每天还是很开心。

可是，后来，侯总失业了，在她39岁的年纪。她说那段时间她手里的积蓄有限。年龄上又不占优势。每天早上起来想的就是往后的日子里我要怎么生存下去。

要么继续留下？要么回老家？

这可是自己坚持了那么多年的梦想。

"我要在这里生存下去。"

后来，侯总创业了。在一个不算年轻的年纪。也曾在蜗居在简易的出租房里，打拼到凌晨2点，挤末班地铁是家常便饭。也曾咬紧牙关。也曾红了眼眶。也曾受尽了嘲笑。

"哎哟，都失业了，还想留在北京？回来得了。"

"你这么大年纪，又是个女人，创什么业，你不是那块料。"

"你要是能创业的话，还会失业么？别异想天开啦！"

有很多时候，在我们最需要鼓励与帮助的时候，偏偏听到的是嘲笑与奚落。而这个时候的嘲笑与奚落，最能让我们堕落。

有个著名的历史典故说苏秦当年拜六国相归来的时候，重金酬谢了曾帮助过他的人，一个一路跟随他的人却迟迟没有得到他的酬谢。于是，那个人终于忍不住问他"我陪你走了一路，为什么你感谢了所有人，却并没有感谢我呢？"苏秦说，因为在我遭遇挫折差点要放弃，最需要人帮助的时候，你并没有鼓励我。所以我把对你的感谢留在了最后。

所以，我能够理解，嘲笑我们的梦想是让我们堕落的开始。虽然时过境迁，侯总现在说起来一切显得那么云淡风轻。可是，我懂。有多少次的无助才换来一次的云淡风轻。"坚持住，年轻的时候都是这么过来的。咬咬牙就过来了。"

我前段时间看了一部热映的电影《疯狂动物城》。

《疯狂动物城》讲述的是在一个所有动物和平共处的城市，兔子朱迪通过自己努力奋斗完成自己儿时的梦想，成为动物警察的故事。

兔子朱迪在幼儿园汇报演出，大声说出自己的梦想"我长大要成为一名警察"。台下哄堂大笑。因为偏见，没有人相信一只弱小的兔子能够成为警察，动物警察局里都是狮子、犀牛、大象、灰狼，没有人愿意相信一只兔子能够保护大家。

因此，朱迪的梦想一直都没有得到父母的支持。兔爸兔妈甚至劝她放弃梦想，"做一个种胡萝卜的农民不好吗？你的兄弟姐妹都是这么过的呀？从来没有一只兔子做过警察呀。"

兔子朱迪不但没有放弃，还大声发誓"那我要做第一个兔子警察！"

从小，她用行动坚持着她的梦想。坏坏的小狐狸想要抢夺小伙伴的电影票，朱迪挺身而出。尽管看起来那么弱小，尽管被狐狸推到，甚至脸上被抓伤，她还是帮助小伙伴夺回了电影票。

最终，兔子朱迪通过自己的努力考上了警校，面对一个个身材高大的同学，鄙夷的眼神和严苛的训练，没有人相信朱迪能过合格毕业。

于是，刚开始参加模拟训练：翻雪山，匍匐爬草地，单双杠前进的时候，你会一次又一次地听到"朱迪，牺牲！""朱迪，牺牲！""朱迪，又牺牲了！"尽管如此，朱迪还是没有放弃。于是，最后她成为警校最优秀的毕业生接受了副市长的受勋。

朱迪终于来到大城市当上了一名警察。因为偏见，依旧不被重视。别的同事都被分配查案的时候，她却被长官安排去管制交通，天天贴罚单。

尽管如此，兔子朱迪依旧没有放弃。

终于和狐尼克一起破获了大案，保卫了动物城的居民，让动物城重新回到了和平欢乐的时光。

电影结束的那一刻，我红了眼眶。我想起了他们……

其实，我们中的大部分人都像狐狸尼克一样，小时候，我们也曾拥有梦想，那时候，我们都曾无条件的相信这个世界是美好的，他人是无害的。

可现实不是童话，没有乌托邦，当我们遭遇偏见，遭遇嘲讽，认清了现实，也放弃了梦想。

可是总有一些人，candy，曾经的侯总……他们像兔子朱迪一样，从不曾气馁。始终坚持着自己最初的梦想。是他们让我们明白了：尽管在我们追逐梦想的道路上，荆棘遍布，历尽坎坷。可是，请你不要轻言放弃。坚持一会儿。再坚持一会儿。

因为在坚持的道路上，你可能最终没有成为你想要成为的人，但是你成为更好的你自己！

　　到那时你会发现，因为你的执着努力，因为你的坚持，因为你最后一刻的没有放弃，命运从不曾亏欠过你的努力。

　　就像《疯狂动物城》里说的，生活总会有点不顺意，我们都会犯错。天性如何并不重要，重要的是你开始改变。开始拥有梦想！

　　坚持梦想，你最终成为最好的你自己！

　　越被嘲笑的梦想，越有实现的价值。

　　你只需成为更好的自己！

　　快坚持不住的时候，默默告诉自己：

　　"慢慢都会好起来的，再咬咬牙就好了。"

　　当我们开始享受一个人的生活，开始懂得了用读书，工作，吃饭，看电影，或者坚持一些小爱好来填满自己的生活，而不是一味地将排挤孤独的方式寄托于另一个人，才能真切地感受到生活的舒适和自由，才不会在面对所爱的人时，试图用孤独，付出来打动对方，捆绑对方，而是应该彼此支撑，彼此成全。

不论现实多么残酷，总有一些人，会始终坚持。不管爱情还是梦想，或者其他一切，只要你坚持，你守得住寂寞，你受得了孤苦，你在生活面前傲骄地抬着头，就会发现，现实，就是欺软怕硬的无赖，如果你在它面前退缩，它就会逼着你一直退缩，如果你一往无前，它拿你一点办法都没有。

你之所以会被现实给打败，是因为你坚持得还不够

出远门，来来去去十几个小时的车程，实在无聊，便翻出一些老电影看。一口气看了《同桌的你》，看了《匆匆那年》，很青春的故事，很相爱的两个人，以为会天长地久，最终却莫名其妙地分手。电影把这一切缘由推给现实，没办法，现实如此啊，在强大的现实面前，多么地动山摇不可撼动的爱情，都会变得不堪一击。

这个理由好合理，竟让人无言以对。不管是爱情还是梦想，或者其他一切，当它莫名其妙失去的时候，一句"现实如此"，一切便都有了让人同情的解释。不但电影如此，生活中，这样的例子更是比比皆是。

朋友小A毕业后一个人北漂，她对未来充满了繁花似锦的想象，她要在那个有无限可能的城市里，找一个体贴温暖懂她爱她的好男人共度此生，还要靠自己的聪明才智和辛勤努力，成为金光闪闪的职场女神。爱情事业双丰收，这样的人生，才带劲，才是她孜孜以求的。

在那个大到无边无际的城市里，她住过地下室，终年不见阳光，也曾

加班到深夜，不敢独自回家，在办公室里将就一晚。受过许多白眼，挨过许多批评，被同事排挤过，被领导打压过。但是，无论生活多么艰辛，每次看她微博，都充满了昂扬的斗志，她像一个战士，在城市里冲锋陷阵，过得艰难而坚强。

这样的小A，真的好让人欢喜，每当我对未来产生怀疑的时候，我都会到她微博里去找找动力。我觉得像她这样的女孩子，一定会实现自己的梦想，即使不能实现，一直走在通往梦想的路上，人生也处处都是希望的阴凉。

可是前段时间，小A忽然不更新微博了，在微信上联系她，才知道，她要嫁人了。哇，她终于找到了心中的男神吗？刚咧开嘴想为她高兴一番，后面的剧情立即打得我措手不及。

她说，她即将要嫁的人，是一个中年男人，她不爱他，他也不见得多爱她，只是觉得她青春美貌，可以填补生活的空缺，拿出来也不丢面子。

我大惊，问小A，既然不爱，干吗要嫁？何必这么委屈自己？小A说，没办法，这就是现实，我一个人真的撑不住了，我想找个肩膀靠靠。可现如今肩膀那么难找，别说温暖贴心懂她爱她，就连一个稍微像样点的男人都是稀缺物。她没钱没势，没房没车，长得也不是女神相，在两性市场上，实在没什么优势，对另一半的要求降低了再降低，最后，就降低到只要有人愿意娶她就愿意嫁的地步。

和小A聊完天，我感觉自己整个人都不好了，又是一个被现实打败的人，现实，难道真的就那么可怕吗？

好像想得挺可怕的，就比如朋友小v，喜欢绘画，大学时就尝试给杂志投稿，插画也陆续登上了某些杂志。这让她的梦想像泡了水的馒头，不停地膨胀。其实她的梦想很简单，就是要成为一名插画师，画很多漂亮的插图，赚足以让自己过上好日子的钱。

毕业后，大家都顶着烈日，像狗一样竖起灵敏的鼻子，到处寻找工作机会，她却把自己关在出租房里，不停地画，不停地画。那时我们都好羡慕她，羡慕她正在为自己的梦想而努力，我们大多数人，连努力都不知道从何做起呢，至少，她目标清晰。

那两年，她真的过得很艰苦，插画的收入根本不够维持日常生活，常常要靠朋友接济，还得辛苦地瞒着家人，每次打电话，都要编造自己在某某写字楼风光鲜亮的谎言。她焦虑，失眠，长痘痘，掉头发，同时也不停地希冀着。

我们都觉得，这样努力的小v，一定会成为一名出色的插画师，等她功成名就时，可能我们这一众人还在灰尘里打滚呢。

可是两年后，小v忽然宣布，她再也不画画了，画画没有想象的那么美好，这条路太难走，荆棘丛生，已经刺得她伤痕累累。她需要生活，她需要挣钱，她需要过上鲜亮的日子，所以，她决定出去工作，做一个勤劳的小白领，虽然不能发家致富，好歹能够自力更生。

我们都替她惋惜，但是她说，现实如此残酷，梦想不值一提，在强大的现实面前，所有梦想都显得幼稚而可笑。

然而，真的是这样吗？我们真的必须在现实面前低头，必须接受被现实打败的命运吗？

我知道有一些人，在残酷的现实面前，始终坚守，然后，获得了美好的爱情，实现了当初的梦想。你随便去看一看那些成功人士，哪一个不曾在现实里跌得头破血流过？但是，跌倒了他们爬起来，他们始终不向现实屈服，最终，他们得到了自己想要的一切。

小A在现实面前把自己匆匆托付了，但我知道作家周冲，在现实里跌了很多跟头，三十多岁时，终于等来一个懂她爱她肯给她自由的男人。小v在现实面前把梦想扔到一边了，但我知道插画师夏达，曾把自己关在出租屋里，像苦行僧一样，以为会熬不过去，但她不肯放弃，最终，让梦想闪亮。

不论现实多么残酷，总有一些人，会始终坚持。不管爱情还是梦想，或者其他一切，只要你坚持，你守得住寂寞，你受得了孤苦，你在生活面前傲骄地抬着头，就会发现，现实，就是欺软怕硬的无赖，如果你在它面前退缩，它就会逼着你一直退缩，如果你一往无前，它拿你一点办法都没有。

真的不要再拿现实当借口了，所有被现实打败的东西，都是因为你不够坚持。

所谓独立人格，是懂得照顾自己，在事情处理妥帖后能尽情享受生活，不常倾诉，自己的苦难自己有能力消释。很少表现出攻击性，因自己内心强大而生出一种体恤式的温柔，不被廉价的言论和情感煽动，坚持自己的判断不后悔。

有些压力总是得自己扛过去，说出来就成了充满负能量的抱怨。寻求安慰也无济于事，还徒增了别人的烦恼。而当你独自走过艰难险阻，一定会感激当初一声不吭咬牙坚持着的自己。

时间会给你坚持后应得的馈赠

研究生毕业后，与澈终于被南航录取做飞行员，要学开飞机，我们一起开心得蹦跶起来，整个咖啡厅快被这尖叫声震塌陷了，与澈依然很淡定，且一脸严肃地坐在角落里给"前女友"玫瑰写那封从未寄出去的信。

到了加拿大，他先去看了看尼亚加拉瀑布，给我微信留言说，瀑布美不胜收他想一个大踏步跳进去。除此，他特意给我寄了一张明信片，说："这张明信片，你大概可能很难收到。"

"那你还寄个什么劲？赶紧退了。"

"你这人，生活真无趣，就是因为大概可能很难收到，所以更要寄，这样漂洋过海，酝酿了小半年的幸运才可以收到的礼物，更有意义……"

这就是我活得最随意的朋友与澈，一个从不在乎结果，只会努力去做的人。他喜欢旅行，看过很多风景，我一再强调看他拍得那些美照就已足够，他却固执己见，每去一个地方都要给我寄明信片。他乐此不疲，说功夫不负有心人，他觉得某一个时刻，我肯定会收到那些明信片！

事实上，我从未收到过明信片，更不信它们会蜂拥而至。

与澈有过一段没齿难忘的爱情，他一直爱玫瑰四年，给她写了四年的信，却从未寄出过，因为她实在娇艳惹人爱，身边的护花使者更是层出不穷。但这依然不妨碍与澈爱她，他发誓要为她成为更好的人。

在那时，更好的自己就意味着成绩优异，所以，与澈每天早出晚归地上晚自习，每年都得特等奖，也没有等来她的钦慕。但与澈依然爱得无怨无悔，他把写好的信小心翼翼地收好，说等有一天，她来找他，他一定拿出所有的信，感动到她非他不嫁。其实，那朵"玫瑰"根本不知道这个世界上还有个叫与澈的男人。

还好，与澈没有感动到玫瑰，却感动了老师。由于与澈勤奋好学，又写了一手好字，他的每科成绩都很高，毕业时，他被保送读本校的研究生，我们一阵欢呼，蹦了很久，他却很沉默，说那不是他的梦想，他想去当飞行员，因为玫瑰的梦想就是嫁给一个飞行员，他也觉得这个梦想很酷，看着飞机升起，再降落，眼前就是一个新的世界，新的城市，这才是最完美的人生体验吧？

他的这个决定几乎遭到了全世界的讽刺与打击，包括他自己在内，都认为他疯了。

他之所以觉得自己疯了，是因为他终于敢顺着自己的心活了一把，勇敢了一次。在这之前，他一直扮演一个好孩子、好学生的角色，他顺从所有人的心意，小心翼翼地活着，突然在这一刻，他的梦想，他的世界，被一种崭新的激情，瞬间点燃了。

"可是，去当飞行员，这个愿望可能吗？怎样才可以做一个飞行员呢？"我们纷纷问，同时，也替他有些着急。

与澈故作淡定地回答："其实，梦想可贵在它的可能性，如果生活苦闷到没有一丝丝可能，那倒真的与咸鱼没有区别了。"

毕业时，我们都对未来很迷茫，有些不知所措，其实大家都不知道自己想要的究竟是怎样的生活。面对如此轻狂而自信的与澈，我们其实挺羡慕他的。

与澈放弃了保研，开始考研，他考上研究生那天，我们早已渐习惯了格子间的工作，待他读到研究生一年级时，我们都已经换了几份工作，俨然已拥有职场老油条的习气。

与澈读研究生二年级，母亲生病，急需一笔钱。正当家人一筹莫展时，他选择了休学，去打工。我们清楚地记得，那是一个夏天，与澈一个人干了好几份工作，每次看到他在一家酒吧里，从事与自己能力和专业两不相干的事情时，我们都很心疼："这个不太适合你干吧？太憋屈了！"

与澈都会摇摇头："没事，我什么都能干！"

或许在那时的他看来，真没有什么合适不合适。他每天早晨四五点钟起来，去卖早点，然后去医院看母亲，再去实验室画图，晚上，他还要去酒吧打工……

当一天结束，他早已累坏，趴在床上一动未动。第二天，他还是会比闹钟先醒来，这才是我最佩服他的地方。

记得当时有个朋友正在失恋中，一直想找到解脱之路，他日夜买醉，自暴自弃。他找到与澈倾诉，与澈却没有时间倾听。看着朋友如此痛苦，他只好安慰："时间都浪费了，太不值得了。这些时间可以做很多有意义的事情，我们一起去做吧！"

朋友最初很抵触："我受伤了，心疼得要死，最有意义的事情，就是不让我难过。"

"其实这个世界上很多事情都比爱情重要，比如你悲伤的时间，不过，如果你不能感受失恋后那种心痛的美好，说明你还不够强大。"

就在这样的安慰中，第三天，那个朋友居然完全自愈了："你这么努力地生活，我却还在为一个已经离开的人伤心，岂不是太自私了？"

我依然还记得那天傍晚，与澈被一辆三轮车撞倒在地，我们着急地把他送到医院，看到车主是一个老人，躺在床上的与澈居然比撞他的人还不安。

与澈挥手让老人赶紧回家，千万别耽误了正常生活："小伤，小伤，过两天就好了，别担心！都赶紧回家，散了吧！"

"你这孩子，我得赔你医药费，这伤口没好呢，我不会走。"

"回去吧，没事，在这守伤口好的时间，我还不如去陪我妈！"

看车主不忍离去，他还特意站起来，不顾医生阻拦，让我们都赶紧回去，也顺道把他带回去，他有很多事情要做，可不能浪费在医院里继续娇情。

他带着伤口离去，在一个人的夜晚里，疼得睡不着，于是，他在夜晚给玫瑰写信。事实上，多少个夜晚，他独自难过时，或感到孤独时，都会给玫瑰写信，虽然他从未寄出过，但他默默付出的举动，依然让我们无比感动。

休学短短一年，母亲终于好起来了，与澈也回归了校园。我们笑他年纪轻轻，却长出了白发，他却调侃说，如今流行白银色的头发，我们笑他瘦得没人样了，他却自豪地说，多少人健身都不一定能达到这个效果。

我永远记得，那天阳光刚刚好，我们所笑得不过是心疼，他却乐观相迎，光芒洒在他身上，他与身后的太阳融为一体，那么温暖，明亮。

直到最后，玫瑰都不知道有一个男人如此爱她，就像谁都没有拆封看过与澈写的那些信，他一直如宝贝般珍藏着它们，那是他的年华，也是他的爱。

就在这一刻，我们一起蹦了起来，吼声快要震塌酒吧，他依然那么安静，他是在回忆过往的时光，还是在细数从前的辛苦？或者他和我们一样，每每回忆起那个放弃保研的他，都会羡慕不已，因为他坚持到最后的惊喜，真的如约而至。

我想，我也等那些可爱的，来自大洋彼岸的明信片，我期待它们会一起赶来，我会亲吻画面上的瀑布，告诉所有人，这些明信片是我一个朋友所寄，我们不仅爱他的坚持，更爱他的善良如初，真诚如华。

这几年累是一定的，但我相信我的人生不可能就止于此了。我不想长大变成街上一抓一把的庸人，我不想以后为钱发愁，我不想以后每天做的都是不喜欢却必须做的事，我不想成为那种。我有我的梦想，所以我要努力。只有坚持这阵子，才不会辛苦一辈子。我发誓会努力，我会让自己过得很好。

小和尚问方丈：什么样的人是佛？

方丈答：说话不急不慢；吃饭不咸不淡；遇事不怒不怨；待人不分贵贱；得失很少分辨。

小和尚不信：就这么简单？

方丈说：就这么简单。

那不都成佛了？

方丈说：至今我尚未遇见这样的人。

相信时间的力量的人都在坚持

我的同事D先生，就着最近的股市红火势头，投进去六位数的本金，上个星期的收入是七位数，这个过程持续了不到两个月的时间，一时间公司上下无一不对D先生当神一样的人物追捧。

于是这段时间里，周围的同事一直跟D先生取经问道，还有人提出投钱进去让他帮忙操作，后来D先生终于发话了，然后一一回复大家说：一是我不会帮别人炒股，这是我的原则，因为我自己有赢有输的经历，但是每个人的承受底线都不一样，所以我不会把时间花在鼓励或者说服别人再坚持一下这件事情上；二是我从八年前开始入股市，我每天看盘两个小时，一年三百六十多天从未间断过，你们只看到了我这两个月所谓的大赚一笔，可是分摊到我这八年的每一天的研究中，那这点钱又算得了什么呢？

这番话说完，就再也没有人吵闹跟骚扰了。

前段时间很是流行反手摸肚脐眼，我认识的一个好友安娜小姐有一天在朋友圈发了三张图片，分别是前年、去年以及今年的六月一号的自己，照片里的她身材苗条紧实，一身小麦色皮肤，而且有一年比一年更瘦而且更健康的趋势，她在全身镜前给自己拍了自拍照，三张照片里穿了同一件紧身的黑色小礼服，看上去性感至极让人喷血，其中最后一张就是她轻易就反手摸到了自己的肚脐眼。

果不其然，短短几分钟内，这条图片消息下的评论就如炸开了的闸门一样，赞美膜拜各种羡慕嫉妒恨无所不有，然后也有很多女生请教安娜是怎么保持身材的，我跟安娜是在一次分享会上认识的，所以共同好友不算很多，可想而知在她自己的手机上显示的好友评论应该多到什么程度。

然而过了一会，在这些叽叽喳喳的评论之后，我看到安娜在自己这条朋友圈里有些生气的回复了几句：一是那些说我整容的人，我有那闲钱还不如先在深圳给自己整一套房子算了；二是那些每一次都提问我怎么减肥的朋友，我已经回复你们很多次了，不要再说我扮高冷女神不理你们了。

嗯，这个看脸的世界里，那些离我们很远的人就值得我们羡慕，而亲近的身边人突然冒出一个这么优秀的女生，谁还受得了？不去嫉妒已经算是万幸的了。

我于是给安娜留言：

第一你不要跟这些人计较，朋友圈本来就是个不能太看重交情的地方，大家也就是行一下点赞评论之礼，犯不着那么较真；二是我说那些提问的人不是觉得简直不敢相信或者吵着要答案吗？那你就试着给出一个像样的答案，看看他们什么个反应。

安娜听了我的建议，于是删掉了之前那条有些情绪化的评论，然后在这条消息下统一回复了一段话：从来都是只见贼吃肉不见贼挨打，就这刚过去的2015半年里，我跑了三百多公里，用坏两个瑜伽垫，平均一周3到7次，每次1到3个小时，每次2到4种不同运动；我16岁开始，从中午带着一个苹果去健身房，再到去健身房教别人，心里有些懈怠但是从来没有中断过；健身是一条贼船，上去了就下不来了，说多了都是泪……

在这份荡气回肠而不失幽默的高冷回复之后，终于，再也没有人敢提出质疑的评论了。

我回想起高中那一年，隔壁班有个女生刚入学的时候是个大胖子，加上她本身皮肤很白，于是看上去就像一个膨胀的馒头，或者就是一个女版大白，可惜她没有温暖很多人，反而是被班上的同学各种取笑，因为除了胖以外，这个女生还带了一个非隐形的牙套，她很爱笑，一张口就是那一排灰了吧唧的塑料跟钢丝，像极了周星驰电影《功夫》里的包租婆跟《食神》里的莫文蔚的结合版。

我不记得她的名字了，就叫她笑笑吧。

我没有戴过牙套，所以我不知道是什么感觉，但是我知道的是，笑笑每天的三顿饭任务都是比上课学习还痛苦的事情，高一那一年，听说她只能吃流质的食物，而且一开始的时候即使流质的食物经过嘴巴牙缝里也疼得脸部直抽搐，为了保证每天的营养，她要喝上好几种豆类熬成的粥，饮料就是牛奶，因为不能吃肉，每个星期还得去医院补充各种维生素。

高二那一年的时候，笑笑渐渐适应了戴牙套的生活，虽然周围总有男生笑话她，但是青春期的时光里，被笑话的不光有她，还有很多其他的男生女生们都会被彼此笑话，所以她依旧还是那个喜欢大笑的女孩，依旧露出满口的牙套，兴许是我们也习惯了，反倒也觉得没有那么吓人了。

高三的时候笑笑已经完全瘦下来了，而且不是跟她的过去相比的那种瘦，而是站在女生人堆里她也是身轻如燕的那一款。

到了高三下学期的时候，笑笑终于摘掉了牙套，说实话那应该是我们所有人第一次看到没有戴牙套的她吧，我清楚地记得那是一个周一的上午，我们在做早操，因为例行有国旗下的讲话，这个笑笑站在舞台的阶梯上，手上没有拿演讲稿，她穿着一身白色的连衣裙，微微一笑，露出一口整齐的白牙，这一刻我看到的场景是，排队中的所有男生都躁动了，继而女生们也跟着骚动了。

很多年以后我回想起来，我觉得大家跟我的感受应该是一样的，就是这个一直在我们身边的普通女同学，不知道哪一天突然变身成了一个大美女，我们认真上课低头匆匆行走，班上男生喜欢的女生都高调的在讲台上写着黑板报，而笑笑只是坐在角落里默默地复习功课，下课的时候忍着牙齿的疼痛想办法喝足这一天营养所需要的汤汤水水，日复一日，这三年就这么过来了。

于是后来高三的下半学期里，笑笑身边开始时时刻刻围绕着一群热情的男生，简直是从路人变成了公主级别的待遇，笑笑没有理会这些人，继续保持着像以前那样的生活节奏。

但是快高考前的一个月，笑笑突然交了一个男朋友，主角就是隔壁理科班的校草兼学霸级人物，这个时候学校领导急了，怕影响备战高考，于是给两人做思想工作，笑笑直接就回复校领导一句，这三年我都努力下来了，就这一个月的时间，我能落后到什么程度？校领导无话可说。

一个月高考后成绩出来，笑笑跟学霸男友都考上了北京的重点学校，然后两人成为学校的典范学习榜样，老师请笑笑去给低年级的同学做演讲，笑笑拒绝了，说我是靠这牙套拯救自己的，我总不能鼓励所有的人都戴个牙套去虐死自己吧？

毕业聚餐那一天，趁着好氛围，人群里有人问了笑笑一句，你这三年到底是瘦了多少啊？

笑笑回答，高一入学那天是146斤，今天早上称刚过87。

在场的有男生喝着啤酒一口喷了出来，大喊着你这差不多真的就瘦了另一个自己啊！

还有女生八卦起来问，你为什么高考前一个月接受了你男朋友的表白啊？

笑笑回答说，当年自己丑，所以只能好好学习来强大自己的内心了，至于后来那个学霸男生跟我表白，我觉得他不仅仅是看到了我的外表，也更是看到了我的内在跟努力，但是我从来不会因为以前他没发现过我，而是后来因为我好看了才看上我而难过，如果真要说原因的话，那也是我以前的外在还没到能给他一个机会发现我内在的入口，仅此而已。

这一刻，我觉得笑笑才是我们班上，或者就是我青春岁月里的女神级别人物。

昨晚我的朋友圈里有人分享了尔冬升导演最近导的一部新片《路人甲》的宣传海报，我是个对文字敏感的人，所以海报文案部分我都一一认真读下来了。

六个来自不同城市不同年龄的人，有人是应届毕业生，有人已经结婚生子，有人卖过保险，有人学过中医，还有退伍军人，以及做过协警的人，这几个普通人如今的相同之处是，都在横店做群众演员，海报上的文案写的是"我在横店寻梦奋斗"，实际上就是打酱油。

我不知道在这些横店漂泊的人群中，将来千千万万里会出几个王宝强，看新闻里说有草根演员扮鬼子四年里"死"上六千次，还经常遭游客扔鞋，但是就是在这些不起眼的路人甲里，也必定会有将来能走出来的所谓"角儿"，只是想起这个很大的基数的时候会觉得有些恐慌，但是很多时候就是时间这个大浪淘沙的玩意，会筛选出最后的那个人选，这个人选可能一无所有，有的只是他的坚持罢了。

我的邮箱里每天都会收到很多人的提问，说当不知道自己的方向是什么的时候，纯粹的坚持有意义吗？因为每个人的人生状况不一样，很多时候我不敢轻易回答这样的问题，因为如果建议继续追梦，那势必有很多人会一股脑地往前冲；但是如果建议回归平淡生活，可是你内心的那个自己是不安分的，那终归也会过得万般痛苦。

大三那一年暑假我到北京的媒体实习，住在中国传媒大学附近的房子里有五个月的时间，那段时间里我白天出去采访写稿，晚上就会去传媒大学校园里散步，很多跟我一样人来人往的同龄人脚步匆匆。

有天夜里我跟一个一起来实习的同学散步，身边走来两个高高的女生，典型的白瘦美，外加都是一头乌黑的长发，我盯着她们的背影一副羡慕的表情，谁知我身边的同学说了一句，算了吧，能长成这样的不是整过的就是抽过脂的，而且你看看人家那屁股那么翘，肯定垫了好几层东西了，有那钱怎么就不把胸前多提几个罩杯呢……巴拉巴拉……

本来想反驳的我终究没有插上一句话，我只是默默地走着，脑海里想起当年高中那个叫笑笑的女孩，她也许现在就在这个校园的角落里行走着，她可能也正在经历着这个场景，就是走过任何身边女生的时候，估计背后都会传来一个声音"你看看前面那个绿茶婊，肯定是整过的……"

那一刻我开始反思，以前的自己总是狭隘的以为，生活中那些长得好看又有才华的身边人就是来仇恨的，他们让我感觉到这个世界的不公平与深深的自卑，可是如今的我开始明白，其实这才是真正的公平。

我听过一个有魅力的女前辈的人生格言，她说身边的人都说，反正人都是要老去的，要那么美有什么用？然后她的回复就是，那也要证明给我自己看，我美过，我全力以赴过。

作家村上春树先生打从决定以写作为生的时候，就开始晨间跑步，于是你会看到他的很多观点里都会有关于跑步的逻辑认识，他说，世上时时有人嘲笑每日坚持跑步的人"难道就那么盼望长命百岁吗？"我却以为，因为希冀长命百岁而跑步的人，大概不多，怀着"不能长命百岁不打紧，至少想在有生之年过得完美"这种心情跑步的，只怕多得多。

我身边认识的创业者都是坚持着很好习惯的人，哪怕是健身锻炼，哪怕是下厨，有个创业者是个很执拗的人，为了在年会上鼓励员工唱好一首歌，他偷偷去ktv一个人练了很久，所以以至于我身边再遇上这些优秀的人，我心里的声音就是，与其抱怨自卑，不如把别人的精神拿来半点警醒自己也好。

我相信天赋的力量，比如会有人告诉你，"我生来就会这个，这些事情我不知道怎么就学会做了，我也不需要人教我……"但是对我而言，我相信这背后一定有他们的坚持，那些发现了自己的天赋并去延续下去的人，久了不说会变成一种专长，但是绝对已经是他个人魅力的一部分了。

我们看到了端上来的菜式很美味，然后告诉自己算了我此生就当个不下厨房的吃货就好；我们看到了路上一一而过的大美女，忍不住骂一句"肯定是整过的"来安慰自己；看着写得一手好字的井柏然被字库千金买断，心里安慰自己"人家本来就是明星"，要知道我也是看访谈节目才知道，他是一年前才开始手写练字的，真的不过一年时间而已，更何况他要比普通人忙多了吧？

于是乎，我们看到那些有过精彩经历的人儿，总觉得那样的人生太拼了，于是安慰自己此生平凡而过也好，但是很多人不明白的是，平凡并不代表无作为了呀？平凡并不代表就碌碌而过此生了呀？

平凡不是无趣，更不是毫无止境的自我安慰。

我身边有朋友成为深圳很著名的跑团成员，每一周都会跑很远的行程参加公益活动；有全职妈妈每天给自己的宝宝做蛋糕，然后得到了朋友圈一众好友的追捧，顺便接了很多订单；也有男生朋友把自己的工资全部攒下来给自己每年一次旅行，尽管很多人唠叨着也要去看世界，可是有多少人是真的上路了呢？

我的同事姐姐今年四十岁，她说想五十岁的时候开画展，希望自己的退休生活能有个院子，种花种草，于是她去年开始买画画工具，报了美术班每周上一次课，她去年还跑到深圳郊区买了一套小复式房，然后开始筹备自己的花花草草小院该怎么设计……

我的念想是，也就十年的时间，可是有人说，天啊！这得准备十年！可是不管怎样，她已经开始了，并且一直坚持着，她是我身边最最靠近我的一个有超级执行力的人。

我们经常被媒体形容为压力最大的一代，但是我依然要感激这个时代，让我们一年获得的信息知识经验，要赛过我们的父辈十年甚至更多，我也更加敬佩我身边的这些看起来鸡血励志的榜样，其实他们就是生活里的路人甲，形形色色大街小巷上最普通不过的人儿，但是从他们身上我明白的是，不管你有没有醒悟并且开始执行，这一群相信时间的力量的人，他们已经在路上了。

那些我曾经嗤之以鼻的不公平，这一刻我突然发现，原来这才叫成人世界里的公平。

真正让人变好的选择，过程都不会很舒服。你明知道躺在床上睡懒觉更舒服，但还是一早就起床；你明知道什么都不做比较轻松，但依旧选择追逐梦想。这就是生活，你必须坚持下去。

无论是读书、旅行或是交友。你一定要始终坚持多了解这个世界，尽可能多的看到它的晦暗与光明，冷淡与热情，平庸与精彩。也许感悟还不够深刻，也许吸收不够完全，也许不能完全接受所有多样性，但这是唯一可以"死而无憾"的过程。要知道，生而为人，命途太短。世界永远年轻，而你终将老去。

有进步的坚持才有意义

在曾经很早的时候，我也是很不能坚持的，因为思路比较多，总会有很多新奇的想法。渐渐的，我懂得了。坚持不只是事情的积累，更重要的是，我们自己在坚持中也变优秀了。

而我们现在事情没做好，很大程度是我们不够优秀，优秀了，事情就水到渠成了。

朋友说最近要离开电商了，因为他的合伙人要撤资，要把钱拿去买房子。这样子，他就没钱刷单了。没刷单，他说做不了了。所以只能去做点其他的事情了。我说，最好坚持。

因为他在这都有了积累，因为钱离开一个地方，我真的觉得挺不值的。

当然，我还有一点我在想着，既然我们当初选择了这一条路。那么至少在我们还可以走的时候，我们就要走下去。坚持，是为了让自己变优秀。

哪有一个人，医生学两下，就去补鞋，又是美容，学化妆的。一下往上走就可以了。

比如学设计，我们就好好地学设计。不要去想其他的。让我们的设计，从个人设计，到小公司合计，到中等公司设计，到帮大公司设计。如果我们以后都是帮大公司设计，那么想都不用想，我们肯定做得好了。而这需要我们坚持。

曾经有个朋友要离开福州，他说，福州房价太高，买房子不现实。

我说，再苦再难，都要坚持下。福州是省会城市，是梦想开始的地方，是青春绽放的地方。曾经的苦读才能来到了福州读书，现在却想着回到了小县城。后面，他总算没走。

但是他前半年都是一直找人家借钱的，工资不够他花销，尽管他花得很少。

因为他得工资实在是太少了，一个月才800块，而房子就要去掉400。但是他坚持了。

每次打电话，他最多的词，可以说是加班。一年之后，他4000了，2年后，6000。到现在，有一万二了。5年了。他呢，结婚了，也在福州有了自己的房子，只是他还老加班。

他是做设计的，刚开始技术不好，也找不到工作。但是技术不好，回老家也一样。

就像我们游泳不行，老换游泳馆也不是办法。除非我们坚持去学习，在工作中学习。为什么在工作中是学得最快的，为什么一定要在工作中学习。

我们群里很多的人在一开始就是这样子，都是在一开始就开始赚钱。

比如在我们群里，为了增加店铺信誉，很多人都是低价的卖产品，或者亏本的卖。但是我们不会的。比如有个人为了增加信誉，就上了一个抠图的宝贝。虽然便宜，但是一直刷。

后面老首页了，然后很多的人就找他了。

而这个时候，由于他每次都想让别人满意，所以他的技术进步得非常快。其实他刚开始技术不好的时候赚钱是不多的。淘宝装修10块钱，天猫装修50块。但是也是他的技术好了，现在一年能赚10万以上了。本来就想着帮人家抠图，赚点小钱，现在成了一生的事业。

为什么我尽量让朋友不要回到小县城了。因为在那里，竞争比较小，而我们要是在那样子的环境里，舒服是会比较舒服的。但是我们自己的技术，也就是那样子的了。

比如回到公司，只有2个人，他是新手，那么他最大的成就也就是技术跟另外一个人差不多。但是在福州，不会的，高手层出不穷，就像淘宝一样，你的技术会很厉害的。

因为在设计的过程中，你肯定是看那些优秀的店铺，交流的也都是那些优秀的人。

还有一点是，大城市，潜力比较大，你要是在大城市赚的钱，拿回老家花，就很好花了。

就像我们很多的人跑到国外去赚钱，然后拿回国内花是一样的道理。

其实，很多的时候，我们肯定知道，假如我们能优秀一点，很多的东西都能解决。但是我们就是没让自己优秀，而却一直在找着其他的游泳池。

在我们村里，有两兄弟，哥哥读书超级会读，但是弟弟不会读书，因为弟弟很羡慕哥哥，但是却是自卑。更主要是在家里，所有的人都疼他哥哥，哥哥也脾气不好了，飘飘然了。

后面弟弟就是学习雕塑，初中毕业去了，虽然学习很苦，但是却是坚持学。

转眼，哥哥重点大学本科毕业了，弟弟经过了自己努力有个工作室，一年也能赚到百万。但是这个时候哥哥却在家里，找不到工作了。因为在大学的时候，他都是恋爱玩游戏过来的。

再后面弟弟结婚了，而哥哥还找不到，因为天天都待在家里。

再后面弟弟自考本科也毕业了，他哥哥说，牛拉到北京还是牛。初中毕业就是初中毕业。

只是在说这话的时候，弟弟说，是不聪明，这么多年才从乡下走到了北京。

后面村里人在跟他弟弟聊天的时候，都说，他很能坚持。即使每天都加班。

而我说，一个能坚持学习，坚持成长的人，即使再不聪明。他也一定会是优秀的人。

到后面哥哥，去弟弟那打工，弟弟经常资助哥哥的老婆生活，孩子学费什么什么的。

其实想到这个，我想到了前几天有个人网络上也很火的。

他说他要做中国的巴菲特，在那舞台上，很多的小姑娘就说他，还是要脚踏实地的。然后灭了灯。其实很多的人要是碰到肯定郁闷。灭灯就灭灯吧，还要说人家一下再灭。

没想到，才4年，他就赚了上亿了，然后捐给母校1000万。

也许他自己依然是低调务实，但是很多的人真的会为他感觉到自豪的。

最主要的是，他一直在坚持的做自己要做的事情。受了打击，梦想依然在。

在网络上，相信我们肯定也都可以看到，这个不是有钱人的世界，而是有心人的世界。我们看到原本很多很普通的人，因为网络，因为用心，渐渐地就起来了。而最难能可贵的是，他们依然保持着当初的那份进取，用心的心。

所以说，以后网络做得好的，肯定是这么一批人，因为他们是最为专业的。

很多的时候，我们说坚持，但是我们说的坚持是要有进步的坚持。这样子的坚持也才有意义。所以我们在坚持的时候，肯定要想着进步。也只有坚持，我们才能真的进步，变优秀。

不然我们一直换，也只是在我们现在得这个地方，一直绕圈圈。

但是我们要是现在坚持，变得优秀了。我们就再也不是再现在这个地方了，而是可以离现在这个地方几千公里的远方了。而还在原地的别人，要到我们这里，是要远望的。

我们也是一样的，有坚持了，进步了，事情做好了，才能被仰望。不然只能一直仰望别人。而坚持，是为了让我们更优秀。不管什么样的坚持，只要是想着进步，都会变优秀的。

那些看上去光鲜的人背后一定经历过万千烦恼。张皓宸说，没有谁的成功都是一蹴而就的，你受的委屈，摔的伤痕，背的冷眼，别人都有过，他们身上有光，是因为扛下了黑暗。生活给了一个人多少磨难，日后必会还给他多少幸运，为梦想颠簸的人有很多，不差你一个，但如果坚持到最后，你就是唯一。

你的胸怀

是被委屈给撑大的

当你学会拒绝别人，学会以牙还牙时，他们反而会尊重你，甚至敬畏你。经历越多你越相信那句话：无情一点并没有错。

别让不会拒绝耗光了你

1

小如是我的大学室友，我俩基本同步进入社会，但她每天都累得不成样子。

几次周末约好一起逛街却总是被她放鸽子。时间长了，和她也越来越生气，质问她，"你就那么忙吗，忙到连朋友约会都推三阻四的？"

她告诉我，"其实我没那么忙，但是同事总是把自己手头上的活给我，她作为新人也不好说什么，就只能帮忙做。"

我问她，"你为什么不拒绝？"

她说，"我也想拒绝来着，但又怕被单位排挤。"

这是她换的第二份工作，第一份工作的时候，也是刚出校园热血青年，有着自己的性格，想做什么做什么。对于"老前辈"的拜托基本熟视无睹，然后她发现无论和谁说话都不理她，吃饭叫外卖也不带她，她觉得莫名其妙。有次她在洗手间上厕所的时候，听到同事聊天才知道原因。她们说，"你看新来的那姑娘，还挺自以为是的，一点规矩都不懂，帮咱们干活是荣幸，她还一脸不乐意。"

她意识到自己的问题，这家公司待不下去了，她换了现在这家小有名气的报社。里面的人每天都大牌一样的挥着手让新人去帮她们做私事。比如，去其他单位取她们的单据。又或者下楼给她们签署个账单。

别人出去旅游，她留在单位还要帮忙取快递，还要听对方的命令将快递摆放在什么地方。别人出去聚餐，她只能把老板交代下来大家一起做的任务，一个人默默地做完。

我不止一次劝她量力而行，选择性的拒绝一些人和一些事，可她从来都没把话听进去。

到了社会，这反而成了阻碍她前进的障碍。别人有大把的时间去经营自己，而她只有埋头在别人的拜托中，失去了属于自己的时光。

帮助本是一件好事，但别人将它看作理所应当并连自己的私事都交予你的时候，这就是件坏事。

盲目的帮助，无益于人无益于己。

2

上海地铁2号线从徐泾东出发方向总是能够碰到两拨行乞者。一拨是老妇人推着音响少妇抱着孩子唱歌的，一拨只是一个老妇人推着音响却假唱的。她们分别从地铁两端出发一边放着音乐一边收着钱。

常坐这趟地铁的朋友告诉我，她们基本不出站就在每一趟地铁里来回走上一天，纯收入就有上千元。

部分人看到这样的场景直接无视，而有一些人却因为内心的丢点愧疚和在意周围人异样的目光不甘愿地掏出钱。

前一阵在地铁站看到行乞者因为一个姑娘不给钱，居然肆意谩骂姑娘，说"姑娘书白读了，年纪轻轻一点爱心都没有，连他们可怜人都不施舍。"

姑娘也是一愣，直接回击，"你们有手有脚不去找工作，在这向别人要钱，给你钱的人是尊重了被你出卖的自尊，不给你钱是因为你还达不到我为你掏钱的标准。"

我只想给姑娘鼓掌。我一直都有随身揣零钱的习惯，给老人小孩残者和地下通道里唱歌的人。他们是没有劳动能力和靠着才艺吃饭的人。我既然路过听了你的歌，那我付出一点也是应该。

让人不能理解的是，那些年纪和我相当，身无残疾却伸手要钱的人，凭什么？

当然我这样的理论一定会被很多人说做人怎么能这么自私呢，奉献点爱心又不会死。是的，我不会死掉，但我会因为自己助长了他们的士气而讨厌自己。

我们穿的光鲜亮丽是因为我们自身或父母在用双手去努力或智慧在争取，没有愧对任何人。

他们行乞者放弃了尊严向我们索取，我们基于爱心和品德去给予，尽可能地收下他们丢掉的那份尊严，但没有必须接受的这个选项。无视不代表冷血，只是我们拥有自己的权利。

你有权利行乞，我有权利拒绝。

3

身边有个人，他每天的日常就是坐在办公室看看新闻看看股票喝喝小茶指挥别人做这做那，开始大家都愿意帮助他，久而久之，再对他投来的求助指挥选择拒绝。

同样坐在办公室里，你领着你的薪水做着你该做的事情，我领着我的薪水做着我该做的事情，别把自己的事情交由别人还美其名"帮忙"，帮忙是帮你所不能，而不是帮你所能而不做。

生活总让人辛苦和累。小时候被父母强制的各种学习技能觉得累，想着长大了就不会再被控制着做这做那。可当我们长大了，不仅发现生活没有一丝改变，反而变本加厉地沉重。

在本可以说NO的年纪放弃选择，以为成长只是简单的两个字。个子变高、声线成熟就是大人，是错误的。无论你变得多高大，你的心里永远都住着孩童时代不懂拒绝的你。

当别人问我为什么这么自私的时候，我想到的是，我为什么要对你大度，你做了什么足够让我无条件地为你做一切。

你总要先学会拒绝，才能成长为大人，别等到被他人消耗光才意识到本不该如此，不是吗？

你必须学会的几个事情：1.学会吃苦，吃苦是一生的本事；2.学会忍耐，人生常需要等待；3.学会尝试，尝试让人明智，尝试才有机会；4.学会感恩，心存感恩，人缘好；5.学会宽容，宽容带来快乐；6.学会沟通，增进信任，消除障碍；7.学会拒绝，有为有不为。

世界上最厉害的本领是什么？是以愉悦的心情老去，是在想工作的时候能选择休息，是在想说话的时候保持沉默，是在失望的时候又燃起希望。

当你选择沉默，成熟才刚刚开始

1

回家的时候，我在一家专卖店结识了导购晓敏。我们是在我结账快走人的时候攀谈起来的。她说过两天会来一批新款，她会帮我留几件合适我尺寸的衣服。我忙说："不用不用，我明天就要回北京工作了。"

"你在北京工作啊？真厉害。"晓敏无比羡慕地看着我。

我苦笑："其实在哪里都一样啦，都是一样搬砖挣钱嘛。"

"那不一样啊，你在大城市肯定见识经历和我们不一样，年轻的时候还是应该在大城市生活一阵子的。"晓敏很认真地说。

这让我有些惊讶，觉得晓敏和其他安于现状的导购不一样，她的身上有一种呼之欲出的野心，那双灼灼发光的眼睛告诉我，她不应该被这小小的柜台束缚。

临走时，晓敏要了我的联系方式，一向不加陌生人的我竟然同意了。

大概是这个姑娘引起了我的好奇心吧。

后来经过一段时间的交流，我对晓敏也有了一些了解。原来晓敏不是中途辍学出来打工的小姑娘，她是一名大学生，虽然学校不怎么好，可是也是正规本科毕业。毕业后她原本打算留在省会城市工作，可因为是家中独女，父母不舍她一人留在外地，于是千呼万唤召回了家乡。

县城工作机会少，她的专业也不对口，几经转折没有找到合适的工作，只好来到这家专卖店做导购。可是她自己不甘心，于是悄悄买了公务员考试的复习资料，准备国考。

"县城不比大城市机会多，只有考上公务员或者进入事业单位，别人才会看得起你，所以我一定要考上公务员，我不想一辈子就这样过去。"晓敏曾这样告诉过我。

2

为了改变自己的命运，晓敏将全部精力都投入到备考上。工作时间不让看书，她就把知识点抄到一张张小纸条上面，压在单据的下，生意不忙的时候就抽出来看一看。

中午的时候，大家都趁午饭时间出去溜达溜达，释放一下压抑的身心，晓敏为了节省时间复习，经常叫外卖，自己边吃饭边看做过的习题。休假的时候也不和同事们一起出去玩了，而是自己在家里复习。

时间一长，晓敏有点脱离组织了，同事们也开始议论纷纷，说晓敏自不量力，一个小售货员还想考公务员，还是国家公务员，简直是脑子被门挤了。

有一次，一个同事让晓敏帮自己值半天的班，晓敏还没开口说话呢，其他同事就酸溜溜地来了一句："你可别耽误晓敏复习，人家可是要当公务员呢。"

这种不阴不阳的话就像一根根无影针，钻到晓敏的身体里，将她扎得体无完肤却又找不到伤口。

与此同时，家里的人也没能为她塑造避风的港湾。

无知的亲戚们常常给她敲警钟："晓敏啊，女孩子有个工作就不错啦，花那么多时间准备什么考试，还不如多用点心找个对象呢。"

她的父母也常常"不经意"地提点她，她的同学们孩子都会走路了。

对于这些冷嘲热讽，晓敏垂下眼睑，抿紧了嘴唇，一句话都没有回应，一个字都没有反驳。她变得越来越沉默，将一切波动的情绪化作一股无声的力量：做下去，不论如何我都要做下去。

在离考试还有一个多月的时候，晓敏终于崩溃了。她在寒冷的冬夜里给我打了一通电话，她说，西风，我害怕了，我怕自己真的像他们说的那样是自不量力，我怕自己考不上。

我知道，晓敏其实已经做好了准备，她的担心，不过是黎明前对黑暗的恐惧，她所需要的只是静静地等待太阳升起的那一刻。

"晓敏，不要去管别人怎么评价你，燕雀安知鸿鹄之志？他们越不相信你，你就要越证明给他们看，一路不易，要坚持。"我告诉晓敏。

我知道这些道理她都懂，只不过同样的话从别人嘴里说出来，往往更有一点说服力罢了。

晓敏只回了一个字："好。"

之后我的工作也渐渐忙起来，两人也鲜有联系了。

直到前两月，我收到了晓敏的信息，她说国考面试通过了。

我说："恭喜。"其实在她那通电话之前，我就知道结果一定是这样。

只要你做了足够的努力，收获不过是一个时间问题。

3

晓敏考上后，同事和亲戚的又开始议论纷纷，有人说晓敏一看就是个人才，考上是早晚的事；有人说羡慕晓敏运气好；也有人说晓敏这么普通的女孩子，考上八成是走后门了。评论杂七杂八，唯独没有人想起晓敏曾经的努力。

对于这些风言风语，晓敏像以前一样选择了沉默。自己问心无愧，又何必在乎他人的口水？

有些人就是这样，自己做不到，还不相信别人的能力，永远活在自己狭隘的世界里，不屑一切，又一无所有。然而我们往往却最爱听信这种人的话，为了合群，为了面子，走着他人认为对的道路，所以渐渐变得和他们一样平庸，渐渐也忘记了最初的自己。

话语教给我们很多，但对错还是可以自明。话语想要教给我们，知足常乐迎合大众才是世间的真理，但你也可以选择不听。

就像王小波在《沉默的大多数》中写的那样：从话语中，你很少能学到人性，从沉默中却能。假如还想学得更多，那就要继续一声不吭。

有些路你注定要一个人走，有些事你注定要一个人做。

当面对别人的质疑和嘲讽，百口莫辩不如省下力气去做好想做的事情，有时候，沉默比话语更有力。

沉默，是一道风景，因为这世界许多时候需要沉默。沉默，不是无言，不是卑微，它只是我们所不知的美好的姿态，它是有着深度的内涵。

你还活着别人的口水中吗？那么不妨试着学习沉默吧。其实，当你选择沉默，成熟才刚刚开始。

生活不会按你想要的方式进行，它会给你一段时间，让你孤独、迷茫又沉默忧郁，但如果靠这段时间跟自己独处；多看一本书，去做可以做的事，放下过去的人；等你度过低潮，那些独处的时光必定能照亮你的路，也是这些不堪陪你成熟。所以，现在没那么糟，看似生活对你的亏欠，其实都是祝愿！

所谓成熟，就是：你要习惯，任何人的忽冷忽热；也要看淡，任何人的渐行渐远。不乱于心，不困于情。不畏将来，不念过去。淡然地过着自己的生活，不要轰轰烈烈，只求安安心心。

很多看似成熟的人其实都不够成熟

曾几何时，我是那么讨厌听见成熟一词。

因为我每次听见别人说："你要成熟一点。"我就立即明白，又到了需要自我牺牲的时候了。

渐渐地我发现，别人嘴里要求我的"成熟"，并不是真成熟。他们所谓的"成熟"是绑架在他们对我的要求上的。

但自从成为一个网文写手，我开始喜欢起成熟一词。我在长辈们认为最不成熟的地方——网络，发现了真正的成熟。

在网络上，即有叛逆的个性张扬，也有理性的客观思辨。看似互喷的网络，所有人都在进行一项重要活动，那就是不停更新自己，我想这才是真正的成熟。

所谓真正的成熟是一个不断觉得过去的自己是傻逼的过程，那些开口就"想当年"，喜欢为自己过去辩解的人，都是生活越过越糟的人。

一本书上写着：真正的成熟是经历了世态炎凉之后的通透，是饱经沧桑之后的洗练；而不是经受挫折之后的苟且。

很多貌似成熟的人，就像没有成熟就落到地上的果子，看似成熟了，实际上是被虫子咬了，烂了。

我恍然大悟，我总结了几个真正成熟的标准。

一、当你终于沉默，成熟才刚刚开始

清晨上班，年级主任又开始传达校长的精神，学校要三年初中第一，高中第三。全场的老师像打了鸡血一样恭维主任，拍着胸脯说跟着领导走前途无量。

我高兴不起来，因为我意识到疯狂的加班又要来了，不过工资却不会加。我沉默了，年级主任白了我一眼，散会的时候对我说："小渔老师，要支持学校工作！"，我对主任笑笑，没有说话。

接着一个星期的加班，不断有老师去教育局上访要求学校改善待遇，办公室里问候年级主任全家的脏话喷涌而出。

还有几个老师约我一起辞职，不要在这个破中学干下去了，我笑了笑拒绝了他们，埋头写我的材料，准备我第二天的课。

一年后，我成了大学老师，每周只有十几节课，是原来工作量的一半。不用再熬夜写材料，守自习或者帮领导按电梯门。

我打开朋友圈，看到当年邀约我辞职的小伙伴还在苦苦煎熬着，有的在朋友圈怨气冲天，有人在呻吟自己多么辛苦，朋友圈配上半夜赶材料的照片，祈祷领导能够看到。

我不是个内向的人，我之所以沉默是因为我不想恶心自己去迎合别人。

真正的强大是沉默的，假如你还想对这个世界了解得更多，那就要继续一声不吭。在这个希望和失望已经浑然一体的时代里，沉默是对生活最好的轻蔑。

二、在这个功利的世界里深情地活着

某天一家培训机构邀请我和杨师兄一起去讲课，课酬很丰富，机构负责人甚至开车来接我们。

负责人很客气，开车送我们去上课的途中，他接了个电话。电话内容似乎是有一个快递到了，负责人说他在外面让快递员明天送来，而快递员似乎不方便。

"我正在接送老师去上课，有什么事回头说！"负责人粗暴挂上电话。

我对负责人对我们的重视感到荣幸，但我也劝他还是回去先拿东西，我们自己过去就行。

然而杨师兄当场要求下车并取消课程，我和负责人惊呆了，我无论怎么劝说他都不听，他也不解释理由。杨师兄劝我一起走，但我舍不下那点高昂的课程。

事实证明，杨师兄是对的，我尽心尽力讲完五天课后，负责人没有支付我报酬，之后电话也打不通。最不要脸的是，他也没有跑路，他的机构依旧红红火火的招生，我多次讨要课酬无果，负责人还用黑社会威胁我。

吃了这次大亏，我佩服起杨师兄的先见之明，我问杨师兄为什么他能提前洞察这个负责人是一个骗子。

"你被一点蝇头小利就迷失了眼睛，亏你还是学心理学的。"杨师兄狠狠地责备了我，"一个对服务员态度恶劣的人，必然是一个自私的人，我并没有意识到他是一个骗子，但我可以肯定，与这样无情的人来往有弊无利。"

我突然明白了，即便再赤裸的利益交换背后其实都有人情在。幼稚的人往往会把这种利益关系看成是嫖娼式"一手交钱，一手脱裤"的赤裸交易，由于阅历的欠缺，他们在表达自己利益诉求的时候往往过于开门见山而缺乏必要的情感判断，最终遭遇骗子。

从此我对快递小哥永远报以微笑，对服务员永远说着谢谢。

也许是我的错觉，但是感觉来找我合作的人越来越多了。有所大学经常找我讲课，一个朋友跟我说，他们校长很喜欢我，因为我每次来讲课都是自己打车来的。

三、不要去别人嘴里要一个答案

很多女生在发现男友出轨后，喜欢去找小三和男友讨说法，我认为这是一个非常不明智的事情。

当你气势汹汹的指责男友，而小三楚楚可怜的躲在男友身后时，你就把一个摇摆不定的男人彻底推向了对面。

其实这个问题答案不在男友嘴里，即便他保证一万次"他爱的是你"，也无济于事。答案其实在你心中，如果你愿意宽容他一次，你可以选择给他次机会把他拉回正轨。假如你无法接受，你可以当场一刀两断。

这个世界没有所谓的正确选项，只有"取舍"二字罢了。取舍是一种大智慧，这件事只能我们亲力而为，从别人嘴里要答案，只会捡了芝麻，丢了西瓜。

对你而言，真正重要的东西，只藏在你内心深处。

四、成熟的人是更加接纳自己的人

成熟的人，永远内外是一致的。不要责怪你的柔软和脆弱，正如光月亮影子也就越暗，强大和脆弱是永远相随的。

一个人不用活得像一支队伍，一个成熟的人只要活得像一个人就行了，有汗水也有眼泪。或者说，如果你不能接受你的软弱，自然也找不回你的强大。

更不要羡慕某些人的成功，我"做不到"没有什么可耻。这个世界上一定有你能做到的事，你需要找到它，而不是把别人的成就弄成你一生的负担。

假如你问我：喵大师，你自我感觉成熟吗？

我会毫不犹豫地说：我很不成熟。当我写下成熟标准这个题目时，我就已经不成熟了，因为标准是会变的，成熟是没有最终标准的。

当我十年后再回头来看，也许我会觉得我今天的想法很幼稚。但我今天必须写下来，时刻提醒我的幼稚。

成熟者应该牢记自己的稚嫩，就像疯子总觉得自己很有道理似的。

成熟的标志之一是懂调侃。不仅调侃世界也自我调侃。我敬重这样的态度。不要固执，不要凡事刨根问底，不要得理不让人，不要企图改变他人，不要以自己认定的道德标准要求他人，学会理解最奇怪的事物，学会欣赏与自己距离最远的艺术风格，一句话，学会随便，随便才能宽容。

人非圣贤，孰能无过！包容一个人需要的是很宽阔的胸襟，我们都可以犯错，但是我们不可以一错再错！

既然已经过去，何不学会原谅

如果不是因为这件事，也许我从此再也不会跟她有什么交集。曾经，她一而再，再而三的冷漠让我选择了悲伤地离开。

毕业后，我在昆明过着独自打拼的生活，我以为自己已经忘记，以为自己终将会痊愈，然而……

那天刚刚下班，我便收到一条短信：

有件事情想让你帮帮我，虽然我知道不该再打扰你，可是我真的没办法了，我现在很落魄。

她是静，一个认识了快9年的女孩，我深爱着的女孩。

我看完短信，立马回了个电话回去："你现在想起我来了，有什么事？"

"我怀孕了。"

听完这句话，我脑袋翁一声的，一股莫名的气愤以及心痛顿时涌上心头。

"怀孕了？你找那男的去啊，你找我干什么？！"

"他人不知道到哪里去了，电话也打不通了。我不敢告诉父母和同学，只有几个朋友知道这个情况。"说完她开始啜泣起来。

我最听不得女孩子哭，心便开始软了下来，一种悲伤的感觉再次袭来。点燃了一根烟，以平缓一下自己的情绪。

问了一些具体的情况，我说"好吧，我知道了，我想想办法，明天给你汇钱过去，你把卡号发过来。"

然后又说了一些安慰的话，便挂了电话，然而内心还沉浸在悲伤当中，久久不能平静。

那夜，我彻夜未眠，一个人蹲在墙角一支接着一支地抽着烟。愤怒，失望，悲伤……都随着屡屡烟气弥漫开来，眼睛竟然也湿润了，大概是被烟熏到了。

我没多想，关于跟她的过去抑或是未来，只想先帮她渡过这个难关再说。

第二天，请了个假，跑到银行把卡里仅有的三千块钱汇了过去，也无心上班，在附近公园的长椅上坐了整整一个上午，想了很多很多。

也许这点钱很微不足道，但起码也能够帮一点小忙，如果不够也只能再想想办法。楼主也是刚毕业了不久，在一家小公司做一名小职员，拿着为数不多的薪水，作为一个职场新人日子也是过得紧巴巴地。我也只能帮这么多了。

给她打了个电话，说了一些去医院的具体事宜，钱叫她先用着，不够我再想想办法，又说了一些安慰的话。

说到这里，楼主不得不想要提及一下我们的关系。

她不是我前女友，虽然曾经一度去追求过，不过还是没有什么结果，便只以朋友的身份处着，也许，我只是期待着她有天能够发现我的好，所以才会有毫无条件帮她的这种想法，同时，也是看在相识9年的情分上，有些感情已经转变成了亲情，或者说，这已经成为一种习惯，而她，可能也是对我渐渐地形成了一种依赖，至于有没有爱，我不知道，或许没有吧，不然也不会跟那男的发生这种事了。

虽然后来她解释过这不是她所自愿的，由于我跟她不在同一个城市，我也无法核实那男的跟她的关系。

当然她说的，我也宁愿选择去相信，有些事情，想不通头疼，想通了心疼，便也不再去刨根问底，追根溯源。

我只是想，如果以后我们还有机会在一起，我可以不去计较她的过往以及现在的一切，真的，我什么都可以不去计较，那我们就可以抛下过往的一些伤痛，一起好好去经营我们的未来。

我单纯地以为，经历过这样的事情，她会觉悟，会懂得去珍惜这份关系。然而可能这只是自己的一个幻想罢了。

后来，我跟朋友聊起了这个事情。

朋友说我好傻，很难理解一个深爱的女孩子怀了别人的孩子跟自己借钱打胎，是要有多好的心态去帮她。像我们这种情况，就算以后在一起了也会有阴影，始终会存在一些挥之不去的裂痕。当然，也许也会有第二种情况，经历过这样的事情以后彼此都会更加珍惜这份关系，然后用心去经营也不无可能。我久久地陷入了沉思当中……

9年了，这是一段怎样漫长的岁月，哪怕是一开始性格不合的两个人，若能够坚持在一起这样的时间想必都能产生一些感情，何况是我们这样。

回到记忆的年代，我们都只是十四五岁的孩子。

出生在同一个乡镇上，上了同一个初中分到了同一个班级，那个时候不懂事，上课时传纸条，时常把对方的书丢到教学楼下，相互捉弄的事情没少干，那时候MP3还属于奢侈品，即便只有一台磁带录音机或者复读机那是相当霸气的事情，然后一起听听歌，帮对方抄歌词，就这样在打打闹闹中过完了三年的时光。

后来，我顺利考上了县里的高中，她则落榜，复读了一年后就小了我一个年级。一年的时光，淡化了很多的友谊，我也仅仅只是知道她在本校而已，并没有很密切去联系。

再好的缘分也经不起敷衍，再深的感情也需要珍惜眼前。歌可以单曲循环，人不能错过再现；情可以平平淡淡，心不能视而不见。在乎你的人不在乎天长地久，更在乎你想不想拥有；原谅你的人愿意原谅你的一切；因为不愿意失去有你的世界。懂得善待才能相守，珍惜当下才配拥有。

情商修炼到最后，终究会成为修养。因为修养好，所以说话谨慎含蓄，办事稳妥周到，对自己不能理解的事情也都能保持宽容和理解。修养好的人可能也不一定会讲话，但没关系，他们不讲伤人的话，看见别人与自己不同之处，如不能理解，也会一笑置之。

情商是修养很重要的一部分

情商高意味着在任何一段关系中，都能了解自己所处的位置，也能体会对方的需求，这特别重要，因为动机会决定行为。

微博上看到一个关于男朋友情商低是种什么体验的吐槽大合集，最让我笑的有两个。

一个是女朋友发烧了，给男友发短信："发烧了……"结果对方回："多喝热水被子捂紧。"女朋友又回："39.2度。"男友惊叹："牛啊。"啪，手机关了，注定不能愉快地聊天了。

另外一个是两个人逛夜市，女朋友在小摊上看中一件小东西，老板报价30，女朋友问："能便宜点吗？"老板不同意，女朋友讲价到20，"出来散步没带多少钱，就20。"老板刚要同意，男朋友在一边补充了一句："我这还有钱啊。"女友怒目而视，气得东西也不买了。

情商低的人，我家里也有一个。有一年体检，医生说怀疑我卵巢有囊肿，让进一步检查。我吓得半死，找先生商量："医生说卵巢是两个，切除一边也没事。"他很认真地摇摇头，"既然长了两个就肯定都是有用的。"

气得我快要飞起来，我说那句话明显是色厉内荏的自我安抚好吧，意思是就算真的中标了，损失也不大，他就应该顺着我的意思说："是，没关系的，不要怕"之类的，安慰病人嘛，就算病人得了绝症也得装作若无其事，这不是常识吗？

可他居然来反驳我，非要和我争辩一下人体科学理论——"论两个卵巢的重要作用。"

幸亏后来再检查证明一切是虚惊一场，这对我俩都是好事，否则我真想把他和囊肿一起切掉了。这件事成为我调侃他的证据，他一贯的态度是断然否认，说自己没说过，估计也觉得丢人吧。

那两个案例中的男人基本也和我先生犯的一样错误。

女朋友发烧，给男朋友发短信，就是为了求得安慰，"宝贝，发烧了，肯定很难受吧，我这就去看你"诸如此类的话才是标准答案。

"多喝热水被子捂紧"这种回答，虽然表面上看是挺正能量的，但还是差了一点层次，如何应对感冒作为一个成年人是常识问题，女孩并不会希望从男朋友那里得到常识，而是别人所给不了的那些情感上的抚慰。

这个男朋友显然一直按照自己的思路在走，完全没有体会到女朋友的心情。当女友没有得到自己想要的答案，继续用"39.2度"引导他的时候，他本能的反应却是，"哇，这么高，真厉害啊。"他忘了自己的角色和对方的位置，纯粹是从技术角度上去理解。

这样的恋爱关系太容易失败了，一次两次还能作为笑话说，三次五次绝对会怀疑，"你真的爱我吗？"

而逛夜市的那个男友呢，更是好心办了坏事。女友说自己只有20元，明显是讲价的手段，他却启动了好男友程序"我这里有钱。"他是怕女朋友没钱买不起，他倒是没有忘记自己的角色，他忽视的是地点和人物关系——这并不是两个人之间的问题，表忠心也需要看场合。

情商低的人，自己也会苦恼，因为他们会发现别人总是不理解自己，而自己呢，总是要别人解释后，才能理解对方的想法。有时候，人家生气了，也不知道为什么生气，连讨好拍马屁都容易起到相反的效果。

比如我以前待过的单位曾经有这么一位仁兄，平时他是谨小慎微，谁都不愿意得罪，可无奈情商低，经常一句话就能把对方惹毛了。某天领导与民共乐，讲起自己当年的一次考试，记得是考英语吧，他上来就是一句："哎哟，你还会英语呢。"那种略带轻薄的口吻，表达了一种——"看不出来你这个土包子还会说英语"的意思。

领导一脸黑线，"你什么意思，觉得我连英语都不配会吗？"他连忙一番解释，我们也都不觉得他是那意思，可客观上的确给人这种感觉了。说话不走脑子说的就是这种人。

男人中情商低得多。一次吃饭，有一个男性朋友掏心置腹地对我和她老婆说："我们男的吧，都不会转弯，你们想干什么就直接说，比如捡起地上的螺丝钉，或者把电视关了，千万不要让我们猜，猜到半夜也不一定能猜出来，结果你们还生气，我们还委屈。"

对，他说中了问题的关键，不会转弯是情商低的人的主要特征。他们永远见山就是山，见水就是水，山水背后的阴晴离合，全都看不到。和他们聊天也特别累，别管你把什么样的球扔过来，他们都只管按照自己的想法把球扔过去。经常聊着聊着，就会发现完全不在一个频道上。

朋友中，如果有一个情商低的人，那真的是叫人难办。包容吧，自己不开心，不包容就得吵架，可是你又知道对方不坏，没坏心眼，狠不下心来责怪，搞得自己也很分裂。

我以前写过一个做人如何不当"包子"的系列文章，有人提议，"晚睡姐，再讲讲如何提高情商吧，我觉得只要情商提高了，才能不做包子，应对任何问题。"这说到了点子上，所谓情商，就是正确理解对方的情绪并作出正确回应的能力。

情商高，是既可以用最适当的方式来表达自己的意愿，最大限度争取别人的理解和配合，也可以恰如其分地理解别人的处境，体会别人更深层次要表达的意愿。高情商更意味着健全的人格，成熟稳定的心态。有了高情商，人生就会豁然开朗，不会有那么多的委屈和抱怨。

那么，如果父母忽视了这方面的教育，你已经变成了一个情商低的人，是不是就没救了呢？不，每个人都是踩着自己过去的影子成长起来的，只要有清醒的自我意识，情商这种事完全通过训练进行提升。

降低自我的执念

情商低的人共有特征是永远沉浸在自我的逻辑中，按照个人的经验去处理理解问题，自我意识太强，就像一堵墙封住了通向别人心灵的道路。

比如有时我和先生聊天，我说前半句，后半句还没说完呢，他就做出了断言，实际上要是听完后面，和他理解的完全不是一码事。所以，在人际关系中，要少去想"我就是这么认为的"，多考虑"他是怎么想的"，放下对自我的执念，才能更清楚地看到别人所要表达的东西。

参照适当的榜样去学习

总有人夸我情商高，愧不敢当，我也是从情商低的阶段挣扎过来的，从小也是有名的不会看脸色。但什么都需要学习，更需要适当的榜样。

我庆幸一直以来遇到了很多高情商的人，再加上工作关系认识了各行各业的人，同样一句话，一件事情，多看看别人是怎么处理的，门道自然就看出来了。先是模仿，慢慢发现规律，总结经验，最后就变成了自己的东西了。不会，就要学，最怕的是自己不行，还觉得别人会说话，办事稳妥是有心机，大忽悠，那就没救了。

情商是修养的一部分

有人曾在微博上问我，说自己为何总是愿意揭穿别人的矫情，不揭穿自己难受，揭穿了别人难受，也想改，改不掉，怎么办？其实这既是情商问题，也是修养问题。

情商高并不等同于有心机复杂，总有人混淆两者的区别，把虚伪圆滑当作是情商。事实上，情商修炼到最后，终究会成为修养。因为修养好，所以说话谨慎含蓄，办事稳妥周到，对自己不能理解的事情也都能保持宽容和理解。修养好的人可能也不一定会讲话，但没关系，他们不讲伤人的话，看见别人与自己不同之处，如不能理解，也会一笑置之。

能看清楚对方的需求

你是男朋友就应该知道女朋友对你的期望和要求是什么，你是下属就应该懂得上下级关系的基本处理技巧。好比你去当卧底，你首先要知道自己是什么身份，你的职责和任务是什么，你才能做到不穿帮。知道自己说什么做什么都要恪守自己的本分，如果有这样的觉悟，就不会做出女朋友说自己烧到39度多，自己还觉得真牛逼的可笑事情了。

【提高情商的八种方法】1、微笑和赞赏不会惹小人；2、肯帮忙能最快获得好印象。3、不与上级争锋，不与同级争宠；4、逞强会过早暴露能力不足。5、学会吃亏但不吃哑巴亏；6、直率其实是不懂礼貌。7；随口辩解会害死你。8；智商使你得以录用，情商使你得以晋升。

大智者必谦和，大善者必宽容，唯有小智者才咄咄逼人，小善者才斤斤计较。有大气象者，不讲排场；讲大排场者，露小气象。大才朴实无华，小才华而不实；大成者谦逊平和，小成者不可一世。真正优雅的人，必定有包容万物、宽待众生的胸怀；真正高贵的人，面对强于己者不卑不亢，面对弱于己者平等视之。

胸怀有多大，你的事业就有多大

几天前的晚上，同事娟子气愤地给我打来电话，诉说她儿子在学校被欺负的事。

娟子的儿子上小学，那天放学回到家，脸上有一道浅浅的伤痕。她赶紧问怎么回事，儿子轻描淡写地说，没事，走在路上被树梢划了一下。娟子说，其实她看得出，那应该是人为的，可儿子不愿说，她也没办法。

她又疼又气：小小年纪，就特别能忍，你说这孩子是不是傻啊？

我呵呵笑：怎么会，你儿子这是随他爸爸，是最难得的那种大气，以后肯定有出息。

她儿子是我从小看着长的。四五岁的时候，娟子带他来单位玩，正巧另外一个同事也带女儿来玩。那个女孩儿被爷爷奶奶惯坏了，喜欢抓尖儿掐上，经常欺负小朋友被老师找家长。

那天，娟子的儿子从包里拿出一袋薯片递给那个小姑娘，小女孩却接过来扔在地上，使劲踩了两脚，说：我妈妈不让我吃这种垃圾食品，会长残的。

小女孩的妈妈见状赶紧呵斥女儿，娟子的儿子却像个绅士般宽容地笑着说：好吧，你不吃就扔了吧。本以为他俩会玩不到一块，结果两人一个下午都玩得很开心，下班时，小女孩还拉着娟子的儿子不肯走。

在娟子儿子的身上，我看到了温和的力量，这种力量，比拳头的蛮力要强大过千百倍。

我上初中时，班上有一个小霸王，外号"胖墩儿"。有一次一个同学和他开了句玩笑，"胖墩"上来就是一拳，那个同学也是血气方刚，怎肯受这气，一拳还了过去。"胖墩"看自己占不到什么便宜，就跑去搬救兵。

离上课时间还有几分钟的时候，进来一个三十多岁的男人，问：谁是某某？那位同学不知什么情况，就站起来走了过去：叔叔，我是。男人二话不说上来就一耳光，接着又是拳打脚踢。

我被这场面吓傻了，一直在座位上尖叫。有同学跑去喊来了老师，才阻止住那个男人的疯狂，把他拉走了。大家七手八脚把挨打的同学送到校医室，他的额头上鼓起了一排包，脸上都是血。

那个挨打的孩子得了脑震荡，只好休学。人家家长也不依不饶，找到学校要求给个说法。后来，"胖墩"被开除了。

"胖墩"走时，我的心情极其兴奋，那时年龄小，只知道快意恩仇，觉得学校是在除暴安良。

去年，我家那套老房子的小区物业打来电话，说楼房整体刷外墙，要我去签字交钱。

走到我家楼下时，一个全身沾满涂料的人正从缆车上下来，四目相对，我觉得他有点面熟，可想不起在哪见过。那人却大声喊我的名字：苏心，你不认得我了，我是"胖墩"呀！我一下子想起来了，就是当年那个叫家长打人的"胖墩"。

那个场景是我少年的一个梦魇，多年以后回望，我都感到惊悚。

此时的"胖墩"再也没有了少年时的意气风发，已是尘满面，鬓如霜，一脸的谨小慎微。

我讪讪地不知说什么，好多年未见，我们的生活也没有什么交集，一时不知从哪里说起。还是"胖墩"打破了沉默，他说：你们多好，上了那么多年学，见过那么多世面，不像我，也没文化，只好靠力气吃饭，你看，来给你们家刷墙了，呵呵。

我顺着他的话茬说：三百六十行哪一行都出状元，你这行干好了也是一样的。

我让他去家里坐，他不好意思地说：我身上这么脏，就不麻烦了。

他的语气里，有后悔，有懊恼，有伤感，也有对命运的不甘。

回家路上，我百感交集，当初的"胖墩"学习成绩并不太差，如果不是一点委屈不肯受，怎么会那么小就因故辍学？他早早失去了飞翔的翅膀，又如何去美丽的天空翱翔？

曾经，一位做职业经理人的朋友和我说过：每个人的胸怀都是委屈撑大的，你有多大的胸怀就受过多少委屈。而胸怀有多大，你的事业就有多大。

不受一点委屈的人，那只是匹夫之勇，最终只会徒见树木，不见森林。而肯吃亏的人呢，那是万人之勇，是一种大气。

易中天老师在<<品人录>>中说到项羽和刘邦时，就讲了匹夫之勇和君子之勇。"一言不合，拳脚相加，这是匹夫之勇"。"骤然临之而不惊，无故加之而不怒，这是君子之勇"。

匹夫之勇可以逞一时之能，泄一时之愤，心里痛快了，面子风光了，但事情却搞砸了，后果无法弥补。君子之勇吞下了委屈，撑大了格局，忍了一时，却得了一世。

孩子，受点委屈不是让你窝囊让你怂，而是面对委屈是有底线有原则：哪些事不必睚眦以报，哪些事绝不能忍辱退让。

如果有人存心欺负你，你当然要以牙还牙打回去。但如果是一些无关紧要的小事，希望你还是退一步风平浪静。

如果你小的时候不肯受一点委屈，你会失去很多小伙伴，失去很多成长的快乐。等你长大了参加工作，再不肯受一点委屈，你也许会失去很多机会，你生活和事业的天地很难与宽广结缘。

一个人内在的大格局，一定是经过情感和事业的打磨之后，才撑起的内里乾坤，从而成就了大胸怀，才能带你越过小溪奔向大海。

将目光放在梦想能抵达的远方，心大了，事就小了，就会身无羁绊，万水千山轻盈走过。

人生有很多事，需要忍；人生有很多欲，需要忍；人生有很多情，需要忍；人生有很多苦，需要忍；人生有许多痛，需要忍；人生有很多话，需要忍。人生有很多气，需要忍。忍是一种眼光，忍是一种胸怀，忍是一种领悟，忍是一种人生的技巧，忍是一种规则的智慧。

做事要低头，沉得下多少心思，受得了多少忍耐，决定你能做何事；做人要抬头，承得住多少目光，抗得了多少压力，决定你能做何人。低头，蕴含谦卑与低调，属大气；抬头，藏纳奋进与不屈，乃骨气。顺意时低头，你会走得更远；逆况中抬头，自信最为可贵。低头，撞不着门槛；抬头，望得了天空。

学会低头，才有机会出头

用小胡子先生的话说，他是在自己30岁生日那天，突然悟了。

悟，这个字，听起来就很谨慎。形容起来，更像是架构在想象和事实之间的一种天然直觉，在某种特定时刻，凝为利刃，轻易击中蒙昧者的软肋，瓦解过往种种不甘与困惑。

小胡子先生在这家4A公司呆了近十年，凭借笔头下的金戈铁马，总算摘得该行业战场上的标杆性旗帜。

成也笔头，败也笔头，撑到底还不过是个穷书生？

大概在小胡子先生工作四五年的时候，他就开始思考这个问题，写作带给他的投入感和成就感逐渐磨损不堪，倒不是说他不热爱这个行当了，只是，在立足生存之上，一些不甘心的鲜活欲望总会来时不时骚动他。格子间、反复无常又有迹可追的热点新闻，从被气到跳脚的甲方到被虐麻木的提案，不知丢过多少飞机稿，掰碎过几片安眠药，电脑桌下的垃圾桶干净到只有熬夜用的速溶咖啡包装袋，小胡子先生早就受够了这样的口子。

写出再多动人的奢侈品广告词，还是给女朋友买不起爱马仕。

那个时候的小胡子先生年轻气盛，心比天高，一小撮山羊造型的胡子看起来个性鲜明。

　　在公司里，大家背后都把他归为"不太好惹"的类型，藏得一副商业好头脑，偏又放不下文人那一股子高傲，能入他眼的合作项目，屈指可数。加之，他的脾性实在游离在群体外，有好点子不喜欢分享，明明缺钱还硬要逞强，做人待事间流露出的都是富有偏激色彩的危险信号。同事们自然是对他敬而远之，敬他的才，远他的怪。

　　第七年的关头，小胡子先生终于升上了部门经理。

　　但却算不上一件好事。

　　在他自恃清高的背后始终包裹着一颗畏惧心，畏惧人群流行，畏惧大众权名，畏惧商业涨停，然而，这些畏惧本身恰恰都是阻止飞行最大的障碍物。

　　职场人都是不停地摧毁和重塑的过程中成长的，停止热情，是很危险的事情。作为资深文案，他早就形成了自己的工作套路，创意的匮乏和滞后的执行无不张彰显他快被时代Out的事实。升为部门经理，看似光鲜，实则架空了小胡子先生的资源，这个大半青春都埋头供给写作的手艺人莫名其妙成为管理层——众多摆设里的一座钟表，滴滴答答，提示着企业仍旧继续向前的命运。

　　小胡子先生是那么爱折腾的人，自然不甘如此。

　　坐在偌大空旷的独立办公室里，千军万马奔腾涌来的想法从脑袋里跑出来，这些年里关于"想做而没去做"的零星思路逐渐串联成一副清晰卷轴，缓缓铺陈在现实前。

　　留下来，就是舒服的混吃等死，离开呢，恐怕是一场没有筹码的枪林弹雨。小胡子先生有点期待，有点不知所措，毕竟在这家知名4A公司多年，倘若顺理成章留下来，就算是花瓶，也是被摆在时代最高贵柜台上的花瓶。

　　自我矛盾中，小胡子先生以观望的姿态，度过了职业生涯中最难熬的一年。因为心态实在糟糕，他没有精力投入于工作本身，那些到处充斥在他周围的幻想、渴望，和对于组建新鲜事物的好奇，不断啃食着他生活的热情。

这样的状况，一直持续到他30岁生日这天。

他从公司帮他置办的狂欢派对中悄然逃走，回到没有烛光和蛋糕的家里，掏出一支许久未动的笔，在白纸上开始顺着夜色漫无目的写字，只是单纯的写字。

不像他年轻时代对于文学的过分迷恋和附加性判断，也剔除职场行为的企图心，在敏感的手指下，触觉拉动回忆，他想起故乡的云，初恋的吻，大学老师手里叶芝的诗，还有刚刚工作时，为一份比稿奋斗至通明的小激昂，那些在岁月里无足轻重的经历似乎在此刻汇聚成孔，为他，钻开了一个全新而熟悉的世界。而这，就是他本心就要去的地方。

真正的顿悟向来是自然之间发生的，用不着四处寻找，用不着刻意等待。

在某一个特定时刻，灵魂会夹带着你来时的愿望和去向，灯火淋漓，白马亮蹄，锐不可当冲破城市边境的虚无幻想。

时间啊，终究会把人类带向应有的境地，或选择，我们在当下所需要的不过是一种正念，一种发自肺腑无关神明的信仰。

处理好同自身之间的关系，捋顺输出和收纳的观点，跟随着事物深处本身蕴含的教育性迂回前进，别试图抗拒它、堆砌它。因为，那样只会让你离真实的世界越来越远。

悟了，一切就都对了。

小胡子先生很快做出了成年后最疯狂的决定，在别人眼里的"快要退休的年纪"里，辞掉了那份原本高枕无忧的工作，开始创业。

随着工作同时改变的，还有小胡子先生的脾气和做事方式，简直脱胎换骨。过去见人从来不打招呼的高冷大神，居然会主动帮同事带早餐。在之前的工作中，如果有员工或同事写的稿子不够满意，他肯定毫不留情，并用尽犀利之词的直接指出，现在却能心平气和给实习生讲半小时的解决思路。

告别旧时酸秀才故作的矫情，创业后的小胡子先生最喜欢对90后说的一句话就是："别想太多，别把大好的时间浪费到无用的揣测当中去，想做什么就去做，在专注中自然能获得应该来的答案"。

所有的悲观都是事先概括而来，所有的成就都是逆流倒推而出。

年轻人们，别想太多，心态好，才是治愈迷茫的解药。正如记者采访张朝阳时，谈到年轻时候的他所说——我突然意识到自己过去想太多了，很多精神病症患者都是因为想太多、钻牛角尖，负荷思考有时的确具有危害性。

想太多，不会悟，只会误入歧途。

最令人跌破眼镜的还有，从前看人只能看到缺点的小胡子先生，如今竟懂得挖掘对方身上的闪光之处。圈子里流传最广的一件事，是他在创业第二年的时候，去电影院看电影，碰到一个直呼是他多年粉丝的检票员，男孩说："我看过你写的博客，角度新颖，有深度，每次都能把乏味的广告写成有趣的评论"。

若是放在过去，小胡子先生最多给个高傲的微笑，然后扬长而去。

自从顿悟之后的他，开始学着正视生活中所遇到的一切机缘。

那天，他没有选择进去看电影，反倒是诚心诚意在检票口和男孩聊了整个下午。从严肃广告到娱乐八卦，从日常琐事到市场评估，从电影院最热的一部影片沿途扒过其商业模式、盈利范畴，直到男女主角各自的情路坎坷。

男孩条理清晰的逻辑和过人口才，都令小胡子先生觉得可喜，离开之前，小胡子先生递上一张名片："如果你不嫌弃我这个创业公司，就来试试吧"。

一周后，男孩顺利入职。

三年后，这个男孩成为这家公司的市场总监。

菩萨畏因，凡夫畏果。在如今的闲聊当中，男孩回忆起当时的情形仍心存感动。

小胡子先生宣布他入职的时候，公司里其实是有很多同事持反对票的，毕竟无论是从学历，还是从经历来讲，男孩都显得太没有竞争资格。尤其是当时他们的创业团队本身极其不稳定，这样的风险，哪个老板愿意担？

可小胡子先生坚持自己的观点，没有什么是你在经历过程中就能够知晓对错的，甚至拿哲学的伪命题来讲，没有什么是对错。可当你做出一个决定的时候，就是对的了。

好多年过去了，小胡子先生温文尔雅的口碑在广告界已是美谈。今年年初，他的公司挂上了新三板，多有谈资者乐意前去道贺寒暄，到了办公室，却认不出眼前那个穿衣普通、胡子拉碴和助理一起提上咖啡的中年男子就是传奇主角。

有人觉得小胡子先生真是太普通了，看起来和普通人一样。

"看起来一样，有什么不好的？至于真的一样或不一样也没什么差……反正，日子是自己的。"，小胡子先生泯了口咖啡，推过菜单来，温柔示意我吃什么。我却突然有点恍神，关于"我们到底要和别人活得一样，还是不一样"这个话题，说大了是哲学，说巧了是心态。

心态支配一切。

看见美好，才能享受得起美妙。

正如《三个火枪手》中写道，忧郁是因为自己无能，烦恼是由于欲望得不到满足，暴躁是一种虚怯的表现。我们大多数人从混沌到顿悟的这个过程中，失去快乐的原因都是摇摆在不甘心和不努力中间，既然如此，不如先试着"放低自己"。

学会放低自己，并不是在教唆你与看不惯的一切同流合污。而是试着引导用更温和的同理心去对待事物，不要被太多形式感左右，努力靠近真相。

过去的小胡子先生总认为自己和别人不一样，可你不走进真正的人间，又岂能知道自己不一样在哪里？

如果他一直是当年那个高冷的文案大神，可能依旧不快乐，依旧会因为竞争的夹挤和情绪的无常而忧心忡忡，始终寻不到别人身上的好，无法配合团队，没有知心伙伴，单薄落寞地坐在那间养老式办公室里，鸟瞰城市霓虹。可如今的他，却是披着一身自由站在了更高的、有风的屋顶之上，支撑起无限遐想。

身后还有更多的勇士，陪他一起张扬。

没有公主命就别有公主病！别再被"别低头，王冠会掉"这样的鸡汤洗脑，该低头低头，该吃苦吃苦，你本来就不是公主，还担心什么王冠呢？一个能把腰深深弯下去的人，才可能有朝一日把王冠捡起来。

一个人是怎样一步步变狭隘的？一个人狭隘起来很可怕，不相信任何美好的事，也就不会有任何希望，像冬天的草，只能慢慢枯萎。请做一个豁达的人！这样你的视野才会越来越开阔，才不会变成井底的蛙，你的人生才能良性循环。

风趣和豁达会让你的人生良性循环起来

我有个怪癖，每次在网上看完新闻，总要翻到评论页，想看看网友们都有怎样的说法。结果，常常惊得我血液倒流。

比如有美女一边念书一边创业，年纪轻轻就有千万身家。多么励志的故事啊，简直让人热血沸腾，可是评论里，却有很多人说：是靠卖的吧？肯定有个有钱的干爹吧？肯定是富二代吧？

比如有富家千金爱上穷小子，很浪漫动人的一段爱情，在某些人眼里，再次变得俗不可耐：小编你瞎编吧，穷人不会有人爱的！那富家千金肯定眼睛瞎了！这小子肯定活儿好！

每次看到这样的评论，我总有触目惊心之感，很正能量也很正常的故事，这个世界每天都会发生这样的事，为什么总有人不相信呢？为什么总有人坐井观天，用如此狭隘的世界观来看这个世界呢？

我认识的一个姑娘就和某些网民一样，对整个世界都抱着怀疑态度。

看到女同学嫁了高富帅，别人忙着祝福，她则不屑一顾，且常常语出惊人：谁知道是不是真爱？看着吧，早晚得离！

几年过去了，女同学不但没有离，还过得挺好。姑娘又有话说了：不知道金玉其外败絮其内吗？表面上风光，不知道背地里受了多少委屈呢。这样的幸福，我才不羡慕！

亲戚家的女孩子上了名牌大学，还到部队里历练了一番，复员后也找到了很好的工作，简直就是屌丝的完美逆袭。逢年过节，大家聚在一起，最喜欢谈论的就是这个女孩的光辉事迹，并教导自家的孩子要向榜样看齐。

每每这个时候，姑娘总是有不和谐的声音发出：一个普通小老百姓，再怎么努力，也不可能当上兵，现在女兵多难当啊。不知道背地里有多少见不得人的交易呢，大家还是踏踏实实过日子吧，别想有的没的。

有同事升职，很高兴的一件事儿，姑娘在同事面前恭喜个不停，背过身，却在背地里面露鄙夷：切，就他那样也能升职？肯定有关系有背景，不然，这好事儿怎么可能落到他头上？

总之，凡是有人得到了她没有得到的东西，她都持怀疑态度，她怀疑这个世上有完美的爱情，她怀疑努力的意义，她怀疑一个人能够靠正常的渠道取得成功。她觉得世界上的所有人，都应该和自己一样，过着平淡平庸的生活。凡是与她不一样的人，凡是她没有经历过的事，她都不相信会真实地存在着。

某一天，我无意中进入她的空间，看了她随手写下的一些心情，终于明白了她为什么总是不相信任何美好的事。其实不是她不相信，而是心里有嫉妒的火苗在燃烧，所以就假装不相信，这样就可以蒙蔽自己，让自己心里舒服一点。可是久而久之，当怀疑成了习惯，她就真的不再相信任何事了。

我刚工作时，和一位同事很要好，因为都是职场菜鸟，做的也都是无足轻重的工作，所以彼此惺惺相惜，很聊得来。同事一直对我说，她想要换个岗位，或者跳槽，因为目前的工作实在太没有技术含量，太容易被取代。

她的话我深以为然，可以说对我的职场认识有启蒙作用。奇怪的是，我在那个公司工作三年，岗位换了三个，她依然还在原来的那个岗位上。公司不是没有别的岗位可以选择，可是每次有机会，她总是说，算了，这个工作我做习惯了，不想换，说不定新工作还没有这个工作好呢？

三年以后，我离开那家公司，她依然还在那个岗位上，做着随时可能被取代的事，拿着不高的薪水。碰到好的机会，我也会打电话问她，要不要挑战一下自己，换个难点的工作。她犹豫又犹豫，最后给我的答复依然是：算了，我怕做不好。有时候出去旅行，也想拉上她，她总是说：算了，我还是喜欢宅在家里。跟老友聚会，打电话叫她，她也总是说：算了，我不喜欢热闹的场合，你们玩得开心点。

后来，我跟她的联系渐渐少了，只偶尔在网上聊聊天，像普通的网友。我告诉她，有新来的大学生，试用期一过就升职，真是牛逼得让人仰视。她打过来简单的几个字：不会吧？肯定是老板亲戚。

我告诉她，去年到江南玩了一趟，江南的风景真的美如画，我都流连忘返了，真想一辈子住在那儿。她淡淡地回：是吗？我觉得哪里都一样，鲁迅都从来不逛公园的。

我告诉她，有人一年四季在路上，不但看遍世界各地的风景人情，还能顺便赚很多钱，真让人羡慕，好想也做这么随心的事。说完很久，她才发过来一行字：这么好的事儿，哪里轮得到普通人，你真是越来越爱幻想了。

再后来，我就跟她断了联系，一个把自己封闭在小天地里的人，你说什么她都不相信，更没有共同话语，即使想做朋友，也气场不合，无法融入。

这个同事，本来不是狭隘的人，只因为她太安于现状，害怕承担任何风险，害怕做任何改变，害怕挑战自己。慢慢地，就把自己缩在了套子里，眼界越来越窄，越来越不相信，这世上还有另一种截然不同的生活方式。

一个人想开阔视野不容易，想把自己变得狭隘，却特别容易，只要封闭自己就行了。不让外界的改变来打扰你内心的宁静，天长日久，你的周围就被无数的玻璃阻隔，你就再也看不到这个世界的精彩，也就再也不相信这个世界上有与你不一样的人。

一个人狭隘起来多么可怕，不相信任何美好的事，也就不会有任何希望，像冬天的草，只能慢慢枯萎。

如果你不想变得狭隘，那就不停地挑战自己，把他人的成功当作动力，不停下前进的脚步，哪怕走得很慢很艰难，也要一步步往前走。唯有这样，你的视野才会越来越开阔，才不会变成井底的蛙，才会是一个有趣又豁达的人，才会让你的人生良性循环。

努力，不是为了要感动谁，也不是要做给那个人看，而是要让自己随时有能力跳出自己不喜欢的圈子，并拥有选择的权利，你见得多了，自然就会视野宽广，心胸豁达，看淡一点再努力一点，用自己喜欢的方式过一生。

不要悔，路是自己选择的，走过的，错过的，都是自己的情愿。世上没有一件工作不辛苦，没有一处人事不复杂。即使你再排斥现在不愉快，光阴也不会过得慢点。所以不要随意发脾气，谁都不欠你的。要学会低调，取舍间必有得失，不用太计较。要学着踏实而务实，越努力越幸运。

走最长路的人，往往跌倒得也越多

那一天，上帝宣誓说，如果哪个泥人能走过他指定的河流，就会赐给这个泥人一颗永不消逝的金子般的心。这道圣旨下达后，泥人们都没有回应，不知道过了多久，终于有一个小泥人站了起来，说他想过河。

"泥人怎么可能过河呢？你不要做梦了。"

"你知道肉体一点一点儿失去的感觉吗？"

"你将会成为鱼虾们的美味，连一根头发都不会留下！"

其他泥人都在劝他不要过河。

然而，这个小泥人决意要过河。他不想一辈子只做这么个小泥人。他想有一颗金子般的心。但是，他也知道，要拥有上帝赐予的心就必须遵守正常的旨意，即要到天堂，必得先过地狱。而他的地狱，就是将要去经历的河流。

小泥人来到河边，犹豫了片刻，他的双脚踏进了水中。一种撕心裂肺的痛楚顿时覆盖了他。他感到自己的脚在飞快地溶化，每一分每一秒都在远离自己的身体。

"快回去吧，不然你会毁灭的！"河水咆哮着说。

小泥人没有回答，只是沉默着往前挪动，一步，一步……

这一刻，他忽然明白，他的选择使他连后悔的资格都不具备了。如果倒退上岸，他就是一个残废的泥人；在水中迟疑，只能够加快自己的毁灭。而上帝给他的承诺，则比死亡更加遥远。

小泥人孤独而倔强地走着。这条河真宽啊，仿佛耗尽一生也走不到尽头似的。

小泥人向对岸望去，看见了那里锦缎一样的鲜花和碧绿无垠的草地，还有轻盈飞翔的小鸟。上帝一定坐在树下喝茶吧。也许那就是天堂的生活。

可是他付出一切也几乎没有可能抵达。那里没有人知道他，知道他这样一个小泥人和他那梦一般的理想。上帝没有赐给他出生在天堂当花草的机会，也没有赐给他一双当小鸟的翅膀。但是，这能够埋怨上帝吗？上帝是允许他去做泥人的，只是他自己放弃了安稳的生活。

小泥人的泪水流下来，冲掉了他脸上的一块皮肤。小泥人赶快抬起脸，把其余的泪水统统压回了眼睛里。泪水顺着喉咙一直流下来，滴在小泥人的心上。小泥人第一次发现，原来流泪也可以有这样一种方式——对他来说，也许这是目前唯一可能的方式。小泥人以一种几乎不可能的方式向前挪动着，一厘米，一厘米，又一厘米。

鱼虾贪婪地啄着他的身体，松软的泥沙使他每一瞬间都摇摇欲坠，有无数次，他都被波浪呛得几乎窒息。小泥人真想躺下来休息一会儿，可他知道，一旦躺下就会永远的安眠，连痛苦的机会都会失去。他只能忍受、忍受、再忍受。奇妙的是每当小泥人觉得自己就要死去的时候，总有许多东西使他能够支持到下一刻。

不知道过了多久——就在小泥人几乎绝望了的时候，小泥人突然发现，自己居然上岸了。他如释重负，欣喜若狂，正想往草坪上走，又怕自己褴褛的衣衫玷污了天堂的洁净。

他低下头，开始打量自己，却惊奇地发现，他已经什么也没有了——除了一颗金灿灿的心，而他的眼睛，正长在他的心上。

他什么都明白了：天堂里从来就没有什么幸运的事情。花草的种子要先穿起沉重黑暗的泥土才得以在阳光下发芽微笑，小鸟要跌倒，要失去无数根羽毛才能够锤炼出凌空的翅膀，就连上帝，也不过是曾经在地狱中走了最长的路，挣扎得最艰难的那个人。

而作为一个小小的泥人，他只有以一种奇迹般的勇气和毅力才能够让生命的激流荡清灵魂的浊物，然后，照到自己本来就有的那颗金子般的心。

有道是：人生七十古来稀，现实是：男人七十一枝花！邓小平七十二上台，改变了中国；杜特尔特七十当选，改变了菲律宾；特朗普七十上台，这是要改变美国！孔子父亲七十讨了十七岁的老婆，生下了一个千古圣人；原来男人们努力的机会是在七十后，各位老退人员，和上述他们比，你们还年轻，努力吧！真是任重而道远啊！

人一旦开始走就停不下来了。现在开始像一棵胡乱生长的树，努力，迷茫。希望能有一个枝丫可以开出可爱的花朵，长出繁密的树荫，夏天给我遮太阳，秋天给我果子吃。自己做自己的树吧，这样也能给别人乘凉。

身怀的本事才能够支撑你的整个人生

众人皆知，我和我老大素来"不和"。这种不和更多不是关系上的，而是思想上的。当初刚进公司的时候我就发现，我与他对运营的理解就有偏差，理念也不一致。

我思想更激进，更前卫；他则有些保守，不太敢突破。

因为我接触新媒体比较早，喜欢玩病毒营销，想靠用户主动分享去传播，然后再从大量用户中培养相关受众；他则更倾向于一开始就从目标受众做起，一点一点慢慢积累，一点一点稳步扩大。

当然我能理解他，因为传统的教育行业转型很慢，并没有用互联网的思维去思考问题，他稳扎稳打一步步走来，做得也很不错；很多时候他可以用经历来压人，我却无话可说。

而在他眼里，我可能也是冒失的，癫狂的，这我也清楚。

于是，我俩在会议室里吵架是常有的事。因为意见相左，或者态度不对，爆粗口也时常发生。

比如我说：产品就这屎样子，不投那么多钱，要那么多量，还想怎么推？他回：一点一点推。

我驳：大哥，咱们是有KPI的。他反击：靠，产品就是屎，好的运营也能卖出去!

我讥讽:行,您说的对。可就算是屎,咱怎么也得包装一下吧,玩个概念,换个口味吧?他坚持:再怎么换,产品的本质也不能变!营销的口味不能太浓!

我无奈:我就不信了,还真有爱吃屎的人!

我很少用感叹号,但我们对话的语气,除了这个标点我想不出其他的。每次我们基本总是在同一个观点上争执,来来回回就那几句话。

争执时常是好事,说明彼此重视。可时间久了,的确心烦意乱,没有心情做事。时间久了,我自然表现得有些消极。

不久,就被老大发现,于是又被拉出来单练。

"最近怎么不跟我吵了?"他瞄了我一眼,试探性地说。

"吵有什么用?吵了也不被重视。"我顺着话茬,想要借气发气。

"没用就不吵了么,你的价值呢?"他反问。

"如果是你呢?你的意见不被采纳,你怎么做?"他反问,我也反问。

"我会继续坚持。因为我必须在团队里体现价值。"他这么说,其实我早有预见,促进员工积极向上嘛,谁不会?我心里暗自不服。

"别以为我看不出来你的反感。我又不是没在你这职位上待过。"还没等我的逆反心理酝酿彻底,他则当头一棒:"我跟你一样,上头也有人盯着,我的绩效跟你差不多。我的策略其实常常也是上头的策略,我有时也想尝试一下你的想法,但常常上头决策说不冒这个风险,那我有什么办法?"

他看了看我,突然语气又平和下来:"你以为咱这个钱是这么轻松挣的么?我们都不是决策者,所以实话告诉你,你挣得这些钱里,公司买的不单单是你的能力,还有你的忍气吞声。"

我憋了一肚子的火想要发泄,心想你要再跟我吵,我直接不干了。没想到老大直截了当的两句话,让我立马熄火,无力反驳。

我知道有些话是在安抚民心,不能全信;但他的这些,的确是亲身感

181

悟，戳人肺腑。原来我们都是一枚棋子，不是那下棋的人，更不是观棋的人。许多道理我们可能平时也懂，但这种"懂"只停留在认知的层面，尚未通透。

这两天我不断思考这句话，越想越觉得他这句话说得太对。我以往自信满满，觉得公司选我，无非是看重个人能力，想要通过我的能力为他们获利。所以我才敢吵架，敢任性：是啊，我牛逼你能把我怎么样呢？

可单凭我一人，真的有力挽狂澜的本领么？没有，除非你是决策者。那么企业找你来做什么？做事，而且按照企业想要的方式去做事。Bingo！企业是靠流水作业生存的，越大的企业越是，每个人更像是一枚小小螺丝钉，所以在他们看来，只要你保证运转正常，不怠工，不生锈，也就够了。

而能力嘛，呵呵，匹配即可。溢出来的部分，更多是为你自身增姿添色，体现你的个人价值，对于公司的整体运转，波动不大。

我曾待过的某家公司，整个营销团队内乱，三十多人的团队基本上只剩三五人做事。

当初商量好一齐跳槽的人，都以为集体的负能量至少可以撼动集团。可到头来呢，不出一个礼拜，公司又引进一个新的团队进来，虽然整个月的业绩受到了影响，但整个季度的利润却丝毫没变。

后面才知道，早在这次"内乱"之前，人力就已经准备"换血"了。

当然我不是说能力不行，只是你个人的能力，的确有太多的局限性。最常见的情况，是我们太容易高估能力，而忽略其他。这种过于自我的优越感一旦形成，便容易偏激，容易傲慢，最终误了自己的前程。

能力是基础，但相比于能力，很多公司更看重的是员工的执行力。这一点，小公司不明显，越大的公司越是看重。

而说到执行，这里面必然夹杂了太多的不情愿。包括工作量爆表，包括任务分配不均，包括生活、情感因素，包括老板的做事方式与态度，也包括上文所提到的，你的意见与上级领导的相左。

等等这些，你所承受的苦与累，劳与怨，仇与恨，都应该算你工资的一部分。这部分薪水，就是要你去克服你的负面情绪，往白了说，就是花钱买你心情。

这很现实。上周我去见某出版公司的编辑，她也做了一些知名的畅销书，但让她头疼的却是，她目前所在的出版公司，只对重量级的作者费心思宣传，却不会给未成名的作者太多资源，包括广告包括营销，有些书即便加印了，也不可能因此获得更大力度的推广。

在她看来，这种对于新人的不器重，便是她一直不能接受的事实，她一直认为，大红大紫的作者的书卖得好，并不能证明她自身的实力，把一个新作者做成红人，才算本事。

可如果你是决策者，那些知名作者或许会给公司，都带来足够的收益，无论品牌还是利润。两者矛盾明显，各有苦衷。但就目前的状况而言，她并不会走，原因很简单，接连跳槽于她发展不利。

那么这份工资里，除了她的能力以外，一定还有许多的隐忍和不情愿。

是啊，我们可以有骨气，但不必故意跟钱过不去。好了，与你们说道了一番，劝解的同时，也是希望自己可以变得忍耐一些，理解一些。至少我现在的能力，还没有到达说走就走、走后无悔的地步。

我脑后一块反骨，生性不受约束，唯有寄托给岁月和见识，一点点去磨砺去安抚。

其实教人妥协的我，是一个极其偏执任性的顽童。

因为任性，我吃过太多的亏，我深知倔强害人之深，所以才不想让你们如我一般，不着待见。

老总监一句话至今记得：你这种人，生来骄傲，是别人眼中的刺；但你也有你的路，只不过一定要比别人更拼更卖命才行。

如今的隐忍，是为了将来游刃有余的改变。一个人只有努力成为更好的人，才有资格任性，才有理由放肆，才有资本去选择追求自己想要的一切。

　　或许你有很好的家境，有朋友依赖，有金钱支撑，但这都不是你的安全感，这是你的幸运。唯有自己内心愈发沉稳，身怀的本事才能够支撑你的整个人生呐。

　　任何事，任何人，都会成为过去，不要跟它过不去，无论多难，我们都要学会抽身而退。别人拥有的，你不必羡慕，只要努力，你也会拥有；自己拥有的，你不必炫耀，因为别人也在奋斗，也会拥有。多一点快乐，少一点烦恼，不论富或穷，地位高或低，知识浅或深。每天开心笑，累了就睡觉，醒了就微笑。